Lecciones de Introducción a la Estadística Clínica

LECCIONES DE INTRODUCCIÓN A LA ESTADÍSTICA CLÍNICA

Autores

Sebastián Martín Pérez
Isidro Martín Pérez

Islas Canarias, 2025

Primera edición: diciembre 2024

Depósito legal: AL 4161-2024

ISBN: 978-84-1097-675-7

Impresión y encuadernación: Editorial Círculo Rojo

© Del texto: Sebastián Martín Pérez y Isidro Martín Pérez
© Maquetación y diseño: Equipo de Editorial Círculo Rojo

Editorial Círculo Rojo
www.editorialcirculorojo.com
info@editorialcirculorojo.com

Impreso en España — Printed in Spain

Agradecimientos

A todos nuestros estudiantes, cuya insistencia y entusiasmo nos han motivado para crear esta obra.

Prólogo

Vivimos en la *Galaxia Internet*, donde las tecnologías de la información han impregnado todos los aspectos de nuestra vida. El acceso masivo a contenidos digitales no solo está revolucionando la forma en que aprendemos, sino también cómo interpretamos y damos sentido a lo que sucede a nuestro alrededor.

Sin embargo, la abundancia de información también trae consigo nuevos retos. Hoy en día, a diferencia de antaño, ya no basta con memorizar cifras o fórmulas, lo importante ahora es saber interpretarlas y aplicarlas de manera correcta para solucionar problemas cotidianos. Y esto es especialmente importante en un campo de conocimiento tan sensible como el de la Salud.

En el ámbito clínico, la capacidad para manejar la información de manera eficaz se ha convertido en una habilidad muy cotizada. Las decisiones que tomamos a diario deben basarse en las mejores evidencias científicas disponibles, pero, al mismo tiempo, estar inspiradas por principios éticos con el fin de garantizar la dignidad en el trato a las personas.

En ello, la *Estadística*, al ofrecernos un método fiable para tomar decisiones informadas que optimicen el trabajo de los profesionales, repercute en forma de beneficios sobre los pacientes, sus familias y la sociedad en su conjunto.

Este libro, titulado *Lecciones de Introducción a la Estadística Clínica*, nace con el firme propósito de ofrecer una guía accesible para comprender cómo aplicar los conceptos básicos de la *Estadística* a situaciones concretas del ámbito sanitario. Lejos de ser un manual técnico, nuestro deseo es conectar la teoría con la práctica diaria, a través de lecciones claras y ejemplos prácticos, para que el estudiante pueda participar de manera autónoma en su propio aprendizaje.

Sabemos que al principio algunos conceptos pueden resultar complicados, pero con dedicación y constancia, consideramos que podrá ir asimilándolos paso a paso y aplicarlos a situaciones de su quehacer diario. A medida que vaya avanzando en su lectura, comprobará que este libro le dará las herramientas que necesita para sentirse más preparado y seguro a la hora de enfrentarse a los desafíos de su futura carrera profesional, como un faro que ilumina el camino en los momentos de dificultad.

Santa Catalina del Puerto de la Luz,
Las Palmas de Gran Canaria
Finalizado en este puerto, a 21 de noviembre de 2024

Sebastián Martín Pérez
Isidro Martín Pérez

Índice

Capítulo 1. La *pregunta* de investigación

1.1. Formulación de una pregunta de investigación 19
1.2. Diseño del estudio 24
   1.2.1. Estudios observacionales 25
      1.2.1.1. Estudios transversales 25
      1.2.1.2. Estudios de longitudinales o
      de Cohortes 26
      1.2.1.3. Estudios de Casos y Controles 29
   1.2.2. Estudios experimentales 32
      1.2.2.1. Preclínicos 32
      1.2.2.2. Clínicos 34
1.3. Muestreo 37
   1.3.1. Muestreo probabilístico 37
      1.3.1.1. Muestreo aleatorio simple 38
      1.3.1.2. Muestreo sistemático 39
   1.3.2. Muestreo no probabilístico 41
      1.3.2.1. Muestreo intencional 42
      1.3.2.2. Muestreo consecutivo 43
1.4. Asignación oculta 45
   1.4.1. Asignación aleatoria 45
   1.4.2. Asignación por bloques 46
   1.4.3. Asignación estratificada 48
   1.4.4. Asignación secuencial 49
1.5. Enmascaramiento 50
   1.5.1. Enmascaramiento simple 50

1.5.2. Enmascaramiento doble ciego 51

1.5.3. Enmascaramiento triple ciego 52

1.6. Variables 54

1.6.1. Variable Independiente 54

1.6.2. Variable Dependiente 55

1.6.3. Covariable 55

1.6.4. Variable Cualitativa 57

1.6.5. Variable Cuantitativa 57

Capítulo 2. **El resumen *gráfico* de los datos**

2.1. Representación tabular de los datos 63

2.1.1. Tabla de frecuencias para una variable
cualitativa 63

2.1.2. Tabla de frecuencias para una variable
cuantitativa discreta 65

2.1.3. Tabla de frecuencias para una variable
cuantitativa continua 68

2.2. Representación gráfica de los datos 76

2.2.1. Gráficos para variables cualitativas 77

2.2.1.1. Diagrama de barras 77

2.2.1.2. Diagrama de sectores 80

2.2.2. Gráficos para variables cuantitativas 84

2.2.2.1. Histograma 84

Capítulo 3. **El resumen *numérico* de los datos**

3.1. Medidas de tendencia central..........................93

  3.1.1. Media aritmética (X) 93

    3.1.1.1. Datos no agrupados 93

    3.1.1.2. Datos agrupados.............................96

  3.1.2. Mediana (Me) 102

    3.1.2.1. Datos no agrupados 103

    3.1.2.2. Datos agrupados...........................106

3.2. Medidas de dispersión 110

  3.2.1. Varianza (S^2)...................................111

  3.2.2. Desviación típica (S) 116

3.3. Medidas de posición 117

  3.3.1. Cuartiles 118

    3.3.1.1. Datos no agrupados 118

      3.3.1.1.1. Primer cuartil (Q_1) 120

      3.3.1.1.2. Segundo cuartil (Q_2) 121

      3.3.1.1.3. Tercer cuartil (Q_3) 122

    3.3.1.2. Datos agrupados...........................122

      3.3.1.2.1. Primer cuartil (Q_1) 124

      3.3.1.2.2. Tercer cuartil (Q_3) 125

  3.3.2. Percentiles 127

    3.3.2.1. Datos no agrupados 127

    3.3.2.1. Percentil 30 (p_{30}) 128

    3.3.2.2. Percentil 70 (p_{70}) 129

  3.3.3. Gráfico de Cajas y bigotes 129

    3.3.3.1. Cálculos preliminares 131

    3.3.3.2. Representación gráfica....................133

Capítulo 4. El estudio de la *normalidad* de los datos

4.1. Métodos gráficos 155
   4.1.1. Histograma 155
   4.1.2. Diagrama cuantil-cuantil 160
4.2. Métodos numéricos............................167
   4.2.1. Asimetría (As) 168
   4.2.2. Curtosis (Cu) 174
   4.2.3. Pruebas de contraste estadístico 181
      4.2.3.1. Prueba de Shapiro-Wilk (W) 182
      4.2.3.2. Prueba de Kolmogórov-Smirnov (KS). 188

Capítulo 5. La relación de *asociación* entre los datos

5.1. Método gráfico 205
   5.1.1. Gráfico de dispersión 205
5.2. Método numérico 215
   5.2.1. Coeficiente de correlación lineal de
   Pearson (r)...............................215
   5.2.2. Coeficiente de determinación y alienación.. 232

Capítulo 6. La relación *causal* entre los datos

6.1. Intervalos de confianza 238
   6.1.1. Intervalos de confianza para la media
   poblacional...............................240
      6.1.1.1. Intervalos de confianza en poblaciones
      normales con desviación típica conocida 240

6.1.1.2. Intervalos de confianza en poblaciones normales con desviación típica desconocida.. 248

6.2. Pruebas de contraste de hipótesis 248

6.2. Pruebas de contraste de hipótesis 252

6.2.1. Prueba de contraste de hipótesis para dos variables cuantitativas 252

6.2.1.1. Prueba de contraste de hipótesis de medias de una muestra 258

6.2.1.2. Prueba de contraste de hipótesis de medias de dos muestras emparejadas 276

6.2.1.3. Prueba de contraste de hipótesis de medias de dos muestras independientes 291

6.2.2. Pruebas de contraste de hipótesis para dos variables cualitativas 309

Conceptos claves **343**

Ejercicios **354**

Respuestas **379**

Tablas **396**

CAPÍTULO 1.
La *pregunta* de investigación

1.1.   Formulación de una pregunta de investigación

La investigación en el campo de la Salud tiene como objetivo mejorar la vida de los pacientes mediante la evaluación y comparación de diferentes tratamientos preventivos o curativos aplicados por los profesionales acreditados. Para decidir cuál es la intervención más eficaz con el fin de aliviar o erradicar una enfermedad es fundamental formular una pregunta de investigación clara y precisa que oriente todo el proceso de estudio.

Una pregunta bien formulada debe incluir detalles sobre la gravedad o el estadio de la enfermedad, la dosis administrada, las comparaciones con otras intervenciones y las variables específicas en las que se medirá la eficacia del tratamiento. El proceso de traducir esta pregunta en características medibles y de definir exactamente qué pasos se seguirán para llevar a cabo el estudio se conoce como **operacionalización**.

Para formular correctamente una pregunta de investigación se recomienda comenzar por un modelo estandarizado que se conoce como pregunta **PICO(T)**. Este acrónimo insta al investigador a formular cuestiones que incluyan información sobre: *Población* (P), especificando el grupo de pacientes que participará en el estudio; *Intervención* (I), describiendo el tratamiento aplicado; *Comparación* (C), detallando contra qué grupo se comparará (*placebo* u otro tratamiento llamado *control*); *Outcomes* (O) definiendo las variables que se medirán en la investigación; y *Tiempo* (T) estableciendo la duración de esta.

Es importante tener en cuenta que, aunque PICO(T) ayuda a identificar los elementos clave que debe contener cualquier pregunta de investigación, su uso se ha popularizado entre los investigadores para realizar revisiones de la literatura, un tipo de estudio que recopila las mejores investigaciones publicadas sobre un tema al objeto de responder a preguntas metodológicas o procedimentales.

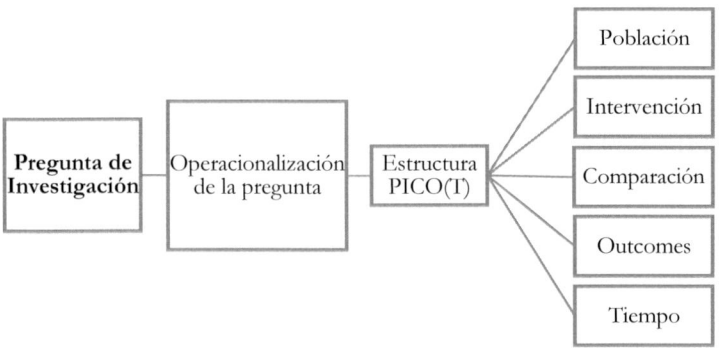

Esquema 1. *Proceso de formulación y operacionalización de la pregunta de investigación.* Para formular la pregunta de investigación se utiliza la estructura PICO(T), que incluye los componentes: *Población, Intervención, Comparación, Outcomes (Resultados) y Tiempo.* Esta metodología es esencial para definir de manera sencilla los elementos clave de una revisión de la literatura facilitando la interpretación de los resultados.

En la siguiente tabla se exponen con mayor detalle los elementos fundamentales de una pregunta estructurada bajo el formato PICO(T):

Ítem	Preguntas
Población	• ¿Quiénes son los pacientes o la población en estudio? • ¿Cuál es la condición o problema de salud de interés?
Intervención	• ¿Cuál es la intervención, tratamiento o exposición que se está considerando?
Comparación	• ¿Existe una alternativa o comparación que se debe tener en cuenta?
Resultados	• ¿Cuáles son los resultados o desenlaces que se espera medir o evaluar?
Tiempo	• ¿Existe un período específico de tiempo para el estudio?

Tabla 1. Componentes esenciales de una pregunta de investigación formulada a partir de una estructura PICO(T).

A continuación, le ofrecemos dos ejemplos que proporcionan una comprensión más clara sobre cómo formularla adecuadamente:

Ejemplo 1. *Buscando el mejor tratamiento para el dolor de hombro.* En una unidad especializada en trastornos del miembro superior un grupo de fisioterapeutas desea evaluar si la inclusión de ejercicio de fuerza en pacientes que sufren dolor en el manguito rotador arroja resultados más eficaces en comparación con las infiltraciones de corticoides.

Para formular la pregunta de investigación en formato PICO(T) deben seguir el siguiente procedimiento:

1. **Enunciar una pregunta clínica**: ¿Es mejor el ejercicio que las infiltraciones de corticoides en el dolor del manguito rotador?

2. **Transformar la pregunta clínica en una pregunta de investigación con estructura PICO(T)**: En pacientes con dolor en el manguito rotador (*población*), ¿es mejor el ejercicio de fuerza (*intervención*) que la infiltración de corticoides (*comparador*) en la reducción de la intensidad de dolor (*outcome*) a corto plazo (*tiempo*)?.

Veamos otro ejemplo:

Ejemplo 2. *¿Cuál es el mejor tratamiento para el dolor cervical de origen facetario?* La intensidad del dolor cervical facetario provoca discapacidad física en los pacientes que lo sufren. Un grupo de fisioterapeutas desea conocer si la movilización articular de la columna cervical es mejor que el ejercicio de fuerza con el fin de prevenir la limitación funcional que desarrollan estos enfermos.

Para resolver esta cuestión deben formular la pregunta con estructura PICO(T) de la siguiente manera:

1. **Enunciar la pregunta clínica**: ¿Es mejor la movilización articular que el ejercicio de fuerza para reducir las limitaciones funcionales asociadas al dolor cervical facetario?

2. **Transformar la pregunta clínica en una pregunta de investigación con estructura PICO(T)**: En pacientes con dolor cervical facetario (*población*), ¿es mejor la movilización articular (*intervención*) que el ejercicio de fuerza (*comparación*) en la reducción de la discapacidad (*outcome*) a largo plazo (*tiempo*)?

Como se deduce de los ejemplos anteriores, la ventaja de la estructura PICO(T) radica en que permite plantear de forma exhaustiva preguntas de investigación, ya que permite formularlas de manera sencilla, directa y clara y, lo más importante, sin dejar fuera información importante.

Sin embargo, a nadie se le escapa que hay ocasiones en las que estas preguntas no pueden resolverse mediante revisiones de la literatura y por tanto requieren de otras metodologías. En estos casos, es importante adaptar la formulación de la pregunta para alinearla con el tipo de estudio que se desea llevar a cabo.

Dicho esto, a continuación, se presenta una tabla resumen con los componentes básicos que debe tener una pregunta de investigación en función del tipo de estudio elegido:

Acrónimo	Componentes básicos	Tipos de estudio
CARE	Context, Actors, Resources and Environment	• Estudios cualitativos • Evaluaciones de programas
CAST	Context, Actors, Strategy and Target	• Estudios cualitativos

PECO	Population, Exposure, Comparison and Outcome	• Estudios epidemiológicos y de exposición
SPICE	Setting, Perspective, Intervention, Comparison and Evaluation	• Evaluación de políticas y programas
SPIDER	Sample, Phenomenon of Interest, Design, Evaluation and Research type	• Estudios cualitativos

Tabla 2. Componentes básicos de la pregunta de investigación para otros tipos de estudios distintos de la revisión de la literatura.

1.2. Diseño del estudio

Después de definir la pregunta de investigación, es importante establecer unos objetivos claros. Para alcanzar estos objetivos es necesario plantear una hipótesis de trabajo. A partir de ahí, se debe elegir la metodología de investigación que se va a utilizar para responder a la pregunta planteada.

La metodología comienza con el **diseño del estudio** con el que se pretende describir el plan que se seguirá para abordar la cuestión de forma precisa y detallada. En este apartado debemos dar cuenta de los métodos y técnicas de recolección y análisis de datos que se han seguido, con el fin de que estos, una vez finalizado el estudio, sean válidos y puedan ser replicados por otros investigadores. Es decir que, si otros científicos repitieran el procedimiento de manera independiente, deberían obtener los mismos resultados.

Aunque existen numerosas clasificaciones de los diseños de investigación, una de las más utilizadas es la que los categoriza según si los científicos encargados de llevarlos a cabo alteran o no las condiciones del estudio. En consecuencia, pueden ser considerados de carácter **observacional** si no hay intervención o **experimental** si éstos intervienen sobre ellas.

1.2.1. Estudios observacionales

En este tipo de estudios los investigadores buscan describir el comportamiento de las variables observando los fenómenos tal como ocurren y dejando que sigan su curso natural sin intervenir sobre ellos. Por medio de este diseño, los científicos son capaces de detectar la presencia de factores de riesgo y descubrir cómo pueden éstos acabar afectando al desarrollo de una enfermedad.

Los estudios observacionales se pueden clasificar, a su vez en **transversales, longitudinales** o de **cohorte** y de **casos** y **controles**.

1.2.1.1. Estudios transversales

Los estudios transversales analizan la relación entre diferentes variables en un momento específico del tiempo. Para ello se recogen datos de los participantes en un instante determinado con el fin de estudiar cómo se relacionan ciertos factores presentes o ausentes en ellos con la variable que se está investigando.

Veamos un ejemplo de este tipo de diseño:

Ejemplo 3. *¿Cuántas y cuáles son las características de las personas afectadas por COVID persistente en España?* Un estudio transversal podría analizar la proporción de personas afectadas por esta enfermedad en un momento determinado. Con este fin se seleccionaría una muestra representativa de la población española y se recopilarían datos sobre los síntomas de *COVID persistente.*

Los participantes completarían cuestionarios y se someterían a evaluaciones médicas para confirmar que efectivamente padecen los síntomas. Además, la información que se recabe incluiría datos demográficos, historia clínica, duración y severidad de los síntomas, así como posibles factores de riesgo asociados.

Al analizar estos datos los investigadores podrían estimar la **prevalencia**, es decir, la proporción de personas afectadas por *COVID persistente* y entender mejor las características de esta enfermedad en el contexto epidemiológico de España.

1.2.1.2. Estudios longitudinales o de cohortes

A diferencia de los transversales, que analizan un fenómeno en un momento dado, el diseño longitudinal evalúa los cambios que en él se producen a lo largo del tiempo. Su objetivo es observar cómo la presencia o ausencia de ciertos factores va modificando la salud de los participantes a lo largo de un periodo de tiempo.

Un estudio longitudinal puede ser **prospectivo**, si empieza en el presente y sigue a los participantes hacia el futuro, o bien **retrospectivo**, si partiendo del presente se analizan datos que se hubieran recopilado en el pasado. También podemos encontrar el **ambispectivo** que combina información recopilada en el pasado con nuevos datos a incluir en el futuro. A continuación, presentamos algunos ejemplos para ayudarle a comprender mejor las diferencias que existen entre ellos.

Comenzaremos con un caso de estudio longitudinal prospectivo:

Ejemplo 4. *¿Cómo evoluciona la salud cardiovascular en las personas sedentarias frente aquellas que practican ejercicio aeróbico diario?* Un estudio longitudinal prospectivo podría seguir a un grupo de individuos sanos y observar cómo ciertos hábitos de vida, como la dieta o el ejercicio, influyen en el desarrollo de enfermedades cardíacas durante un período de varios años.

Para este estudio, se seleccionarían dos grupos de participantes: uno compuesto por personas que llevan un estilo de vida sedentario y otro formado por individuos que practican ejercicio aeróbico de forma regular. Ambos grupos serían similares en términos de edad, género, y otros factores demográficos, y diferirían únicamente en su nivel de actividad física.

A lo largo del estudio, se realizarían evaluaciones periódicas de la salud de los participantes. Estas evaluaciones recogerían información relativa a los hábitos de vida del paciente, y se incluirían, por ejemplo, datos analíticos y de función cardiovascular.

Al finalizar el estudio, los datos recabados permitirían comparar la evolución del estado de salud entre ambos grupos. A través de este diseño prospectivo, los investigadores podrían concluir que la **incidencia** de enfermedades cardíacas, es decir, los nuevos casos registrados durante el periodo de estudio, es menor entre quienes realizan ejercicio regularmente en comparación con aquellos más sedentarios.

En el siguiente ejemplo exponemos un caso demostrativo del diseño longitudinal retrospectivo:

Ejemplo 5. *¿Cuál es la relación entre la exposición prolongada al estrés laboral y el desarrollo de trastornos de ansiedad?* Un estudio de cohortes retrospectivo podría investigar cómo la exposición al estrés laboral a lo largo de los últimos diez años ha influido en el desarrollo de trastornos de ansiedad.

Partimos de la premisa de que los participantes ya presentan ansiedad. Con esta información, se dividirían en dos grupos, basándose en uno o varios antecedentes disponibles en los registros laborales y/o médicos. El primer grupo incluiría personas que han estado expuestas a altos niveles de estrés laboral durante los últimos diez años, mientras que el segundo estaría compuesto por sujetos que han sufrido poco estrés durante el mismo período.

Al igual que el ejemplo anterior, los grupos serían seleccionados para ser similares en términos de edad, género y otros factores demográficos, diferenciándose únicamente, en el nivel de estrés laboral al que han estado expuestos.

Posteriormente, se revisarían sus historias clínicas con el objetivo de identificar si, durante el periodo de estudio, los participantes han desarrollado trastornos de ansiedad.

Al analizar todos estos datos, los responsables del proyecto podrían comparar la evolución de la ansiedad entre ambos grupos a lo largo de los últimos diez años. Esto permitiría determinar si los participantes expuestos a altos niveles de estrés laboral presentan una mayor incidencia de ansiedad en comparación con aquellos que han experimentado un bajo nivel de estrés en su trabajo.

1.2.1.3. Estudios de casos y controles

Este diseño observacional compara a personas que padecen una determinada enfermedad, denominadas *casos*, con otras que no la presentan, llamadas *controles*. Su objetivo es identificar retrospectivamente los factores que, al estar presentes únicamente en los casos, puedan explicar la aparición o el desarrollo de una enfermedad.

A modo de ejemplo veamos el siguiente caso:

Ejemplo 6. *¿Cuál es la asociación entre fumar y padecer cáncer de pulmón?*. Un estudio de casos y controles podría investigar la asociación entre fumar y padecer cáncer de pulmón. Para llevar a cabo esta investigación, se seleccionarían dos grupos de fumadores: los *casos*, compuesto por personas con cáncer de pulmón, y los *controles*, integrado por sujetos que no padecen esta enfermedad.

Los dos grupos serían idénticos con relación a la edad, el género y otros factores de manera que fueran comparables entre sí. Los investigadores recopilarían datos sobre el hábito tabáquico como el tiempo que lleva fumando, la cantidad de cigarrillos diarios consumida o la edad a la que empezó a fumar, etc. Dicha información se obtendría por medio de entrevistas estructuradas o cuestionarios o, si se desea, a través de la revisión de las historias clínicas de los participantes.

Una vez recopilada la información, los científicos compararían la prevalencia del tabaquismo entre el grupo de *casos* y el de *controles*. Para acometer esta tarea se utilizarían diferentes técnicas estadísticas a fin de conocer si existe una asociación entre el hecho de consumir tabaco y acabar desarrollando cáncer de pulmón.

A partir de ellas, se podría, por ejemplo, calcular el riesgo relativo o la **razón de probabilidades** conocida como **razón de momios**, la cual nos informa sobre la fuerza de la asociación entre el hecho de fumar y desarrollar este tipo de cáncer.

Los estudios observacionales son el punto de partida para investigar sobre temáticas de las que tenemos poca información. Además, como hemos visto anteriormente resultan muy útiles para medir cuántas personas se ven afectadas por una enfermedad o para identificar factores de riesgo en diferentes tipos de pacientes, entre otros usos.

Sin embargo, una de las principales limitaciones de estos diseños de investigación es la dificultad para controlar los factores que afectan al comportamiento que tienen las variables durante el estudio. Esta falta de intervención sobre los factores que influyen en la muestra puede distorsionar los resultados que realmente nos interesan.

Para mitigar el impacto de estas limitaciones, es preciso recurrir a otros enfoques más rigurosos, como los diseños experimentales, que nos permiten conocer si existen relaciones causales entre las variables estudiadas.

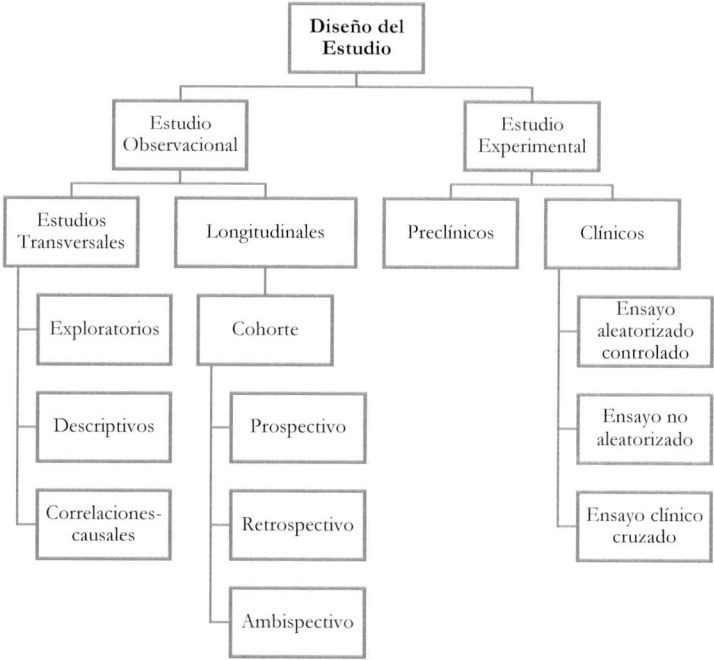

Esquema 2. *Clasificación del diseño del estudio en investigación.* Los diseños de estudio se dividen en observacionales y experimentales. Dentro de los estudios observacionales se encuentran los estudios transversales (*exploratorios, descriptivos y correlacionales-causales*) y los estudios longitudinales, que incluyen estudios de cohortes (*prospectivos, retrospectivos y ambispectivos*). Los estudios experimentales se dividen en preclínicos y clínicos, estos últimos se subdividen, a su vez, en ensayos aleatorizados *controlados*, ensayos *no aleatorizados* y *cruzados*.

1.2.2. Estudios experimentales

Los **estudios experimentales** tienen como objetivo replicar, bajo condiciones controladas por los investigadores (*ceteris paribus*), situaciones que simulan el fenómeno de interés que está siendo estudiado.

Su principal ventaja radica en la rigurosa supervisión de las variables de confusión, es decir, aquellas que pueden interferir con las variables principales y distorsionar los resultados de la investigación.

Este tipo de diseño es especialmente útil cuando se busca demostrar la eficacia clínica de un tratamiento concreto. Generalmente, se estructura en grupos: uno que recibe el tratamiento (grupo *experimental*), otro que no lo recibe (grupo *control*) y, en ocasiones, un grupo que recibe un placebo (grupo *placebo*).

Estos grupos son comparables en todos los aspectos, excepto en los factores modificados por los investigadores como podría ser la introducción de manera controlada de un tratamiento. Existen en investigación varios tipos de diseños experimentales siendo los más utilizados en el campo de Ciencias de la Salud tanto los **preclínicos** como los **clínicos**.

1.2.2.1. Preclínicos

Este tipo de diseño experimental puede realizarse **in vitro,** utilizando muestras como células o tejidos cultivados, que fueron extraídos de un organismo y estudiados en entornos controlados de laboratorio. Dentro de este tipo de diseños podemos encontrar, entre otros, los ensayos de viabilidad celular o los análisis de expresión génica.

Por otro lado, los estudios preclínicos también pueden llevarse a cabo **in vivo,** lo que, a diferencia de los anteriores, implica el uso de modelos animales para evaluar la eficacia y seguridad de un tratamiento antes de su aplicación en seres humanos. Algunos ejemplos de este enfoque incluyen los ensayos para evaluar la toxicidad o la eficacia terapéutica de un fármaco.

Pongamos el siguiente ejemplo para explicar el uso del diseño de estudio experimental al que nos referimos:

Ejemplo 7. *¿Cuáles son los efectos de la cafeína en el rendimiento cognitivo?* Para este estudio *in vitro* se podrían utilizar cultivos de células neuronales expuestas a diferentes concentraciones de cafeína. Los ensayos podrían incluir evaluaciones de la actividad neuronal, como la respuesta a estímulos o la plasticidad sináptica, para comprender cómo la cafeína afecta las funciones cerebrales a nivel celular.

Por otro lado, para el estudio *in vivo,* se podría emplear un modelo de animal al que se le administraría una dosis específica de cafeína. Los investigadores podrían realizar, si lo consideran oportuno, un conjunto de pruebas de aprendizaje y memoria con el fin de observar cómo influye esta sustancia en su capacidad cognitiva. Además, también podría ser viable llevar a cabo electroencefalogramas para medir la actividad cerebral y evaluar el impacto de la cafeína en la función cerebral a largo plazo.

1.2.2.2. Clínicos

Mientras que los estudios preclínicos se realizan con muestras biológicas o en animales, los ensayos clínicos se llevan a cabo en seres humanos y son considerados el *patrón oro* para guiar la toma de decisiones en el ámbito clínico. Estos diseños abarcan desde **ensayos clínicos aleatorizados y controlados**, en los cuales los participantes se asignan al azar a diferentes grupos de tratamiento, hasta **ensayos no aleatorizados**, donde la asignación no sigue un proceso aleatorio, sino que se basa en criterios subjetivos de los investigadores.

Asimismo, podemos destacar los **ensayos cruzados**, una variante en la que los sujetos reciben diferentes tratamientos en distintas fases de la investigación. En este tipo de diseño, cada persona actúa como su propio control recibiendo todos los tratamientos en diferentes momentos, lo que supone una ventaja con respecto al resto al permitirnos realizar comparaciones en el mismo sujeto.

Veamos un ejemplo de este diseño experimental:

Ejemplo 8. *¿Es efectiva la terapia cognitivo-conductual para tratar el trastorno de ansiedad generalizada?* Se realiza un ensayo clínico para investigar si la terapia cognitivo-conductual es eficaz en el tratamiento del trastorno de ansiedad generalizada. Los participantes, todos diagnosticados con este trastorno, se asignan al azar a dos grupos: uno recibe terapia cognitivo-conductual durante 12 semanas y el otro recibe una intervención placebo que consiste en apoyo terapéutico, pero sin los componentes específicos de la terapia.

Durante el estudio, se mide regularmente la ansiedad de los participantes usando escalas validadas y entrevistas clínicas estandarizadas. Además, se tienen en cuenta posibles efectos secundarios y se controla el cumplimiento del tratamiento. Al finalizar, se compara la reducción de los síntomas de ansiedad producida por el tratamiento entre los grupos utilizando las herramientas estadísticas adecuadas.

A continuación, se presenta en una tabla resumen los diseños de estudio más frecuentes, además de un ejemplo ilustrativo para cada uno de ellos:

Diseño del estudio	Subtipos	Ejemplos
Observacionales	Estudio transversal	Encuesta para evaluar la prevalencia de síntomas de ansiedad y depresión en estudiantes universitarios durante un semestre académico.
	Estudio de cohortes prospectivo	Estudio prospectivo que sigue a un grupo de personas durante 10 años para investigar la relación entre la actividad física regular y el desarrollo de enfermedades cardiovasculares.
	Estudio de cohortes retrospectivo	Análisis retrospectivo de historias clínicas para identificar la asociación entre exposición a contaminantes

		ambientales y aparición de cáncer pulmonar.
	Estudio de cohortes ambispectivo	Estudio que evalúa retrospectivamente los factores de riesgo al diagnóstico de diabetes tipo 2 y luego sigue a los pacientes durante 5 años para analizar el desarrollo de complicaciones como retinopatía.
	Estudio de casos y controles	Investigación retrospectiva que compara pacientes con Alzheimer (*casos*) frente a controles para evaluar si existe una asociación entre la dieta alta en grasas saturadas y el riesgo de desarrollar la enfermedad.
Experimentales	Estudio Preclínico	Estudio en modelos animales para evaluar la eficacia de un nuevo compuesto en la reducción del crecimiento tumoral en el cáncer de mama.
	Ensayo clínico Aleatorizado	Ensayo para evaluar la efectividad de un nuevo medicamento en la reducción de la presión arterial en pacientes hipertensos, asignando a los participantes aleatoriamente al grupo de intervención o placebo.

	Ensayo clínico no aleatorizado	Estudio para comparar los resultados de dos técnicas quirúrgicas en pacientes con fracturas de cadera, asignados a los grupos según disponibilidad del equipo quirúrgico.

Tabla 3. Tipos de diseños del estudio.

1.3. Muestreo

Una vez establecidos los objetivos del estudio y seleccionado el diseño más adecuado, se debe elegir una muestra que sea representativa de la población objetivo. Para lograrlo, se emplea una técnica de investigación conocida como **muestreo** que permite seleccionar a los participantes más adecuados, asegurando que representen fielmente las características de la población sobre la cual se desea investigar.

Dependiendo de la técnica empleada, el muestreo puede clasificarse en dos grandes categorías, por un lado, el **probabilístico** y, por otro, el **no probabilístico**.

1.3.1. Muestreo probabilístico

Si la selección de los participantes se hace de forma aleatoria, es decir, conociendo la probabilidad que tiene cada candidato de resultar elegido, lo llamaremos **muestreo probabilístico**. Esta técnica garantiza un proceso imparcial y evita la introducción de sesgos en la muestra, lo que podría, si se diera el caso, distorsionar los resultados del estudio.

Algunos ejemplos del muestreo probabilístico son el **aleatorio simple** y el **sistemático**.

1.3.1.1. Muestreo aleatorio simple

El **muestreo aleatorio simple** es la técnica de muestreo probabilístico más sencilla y también la más usada en estudios clínicos ya que permite seleccionar participantes de tal manera que todos los candidatos tengan la misma probabilidad de ser elegidos.

Pongamos por caso el siguiente ejemplo:

Ejemplo 9. *¿Es efectiva la Fisioterapia respiratoria para tratar la neumonía producida por el virus SARS-CoV-2?*. Los fisioterapeutas de un hospital han diseñado un estudio para investigar los efectos de la Fisioterapia respiratoria sobre un grupo de pacientes de la Unidad de Cuidados Intensivos que han estado hospitalizados en el último mes debido a una neumonía grave provocada por el virus SARS-CoV-2. Para seleccionar una muestra representativa de $n = 10$ pacientes de una población total de $n = 20$ ingresados, el equipo investigador decide optar por un muestreo aleatorio simple.

Para llevarlo a cabo deberán seguir escrupulosamente el siguiente procedimiento:

1. Presentar una lista de pacientes:

$X_i = \{1, 2, 3, 4, 5, 6, 7, 8, 9, 10, 11, 12, 13, 14, 15, 16, 17, 18, 19, 20\}$

2. **Generar una lista de números aleatorios:**

9	7	17	11	1
2	6	8	12	14
15	20	5	18	13
19	3	4	16	10

3. **Elegir al azar**, con los ojos cerrados y utilizando un lápiz, una ubicación dentro de la tabla y anotar el valor resultante.

4. Tomar el número 17, como ejemplo, y **seleccionar** los siguientes 10 números de la lista de pacientes.

Solución: Como resultado, los pacientes 11, 1, 2, 6, 8, 12, 14, 15, 20 y 5 serán los $n = 10$ pacientes elegidos para formar parte de la muestra del estudio.

1.3.1.2. Muestreo sistemático

Es una técnica de muestreo probabilístico en la que se debe tener a disposición una lista del marco muestral. A partir de ella se selecciona al azar el primer elemento y a partir de él se van incluyendo nuevos participantes a intervalos constantes comprendidos entre 1 y el tamaño muestral deseado.

Por ejemplo, si deseamos obtener una muestra de $n = 10$ pacientes de una población de 100 candidatos, podríamos seleccionar 1 cada 10 pacientes de la lista.

Este método de muestreo es más ventajoso que el aleatorio simple porque asegura que los participantes se distribuyan de manera más uniforme entre los grupos. Sin embargo, es importante tener en cuenta que, si en la lista original que se toma de referencia existiese algún patrón de repetición éste podría llegar a influir en la selección de cada elemento de la muestra.

Veamos el siguiente ejemplo práctico:

Ejemplo 10. *¿Es efectivo el Mindfulness para tratar el trastorno de ansiedad que padecen los cirujanos de un hospital?*. Supongamos que los psicólogos de un centro de atención especializada quieren estudiar si el Mindfulness puede ayudar a reducir la ansiedad de los cirujanos. Con el objetivo de tener una muestra representativa se necesita introducir en ella al menos $n = 4$ cirujanos de entre los 20 que trabajan en el centro.

Para lograrlo, se seguirá este procedimiento:

1. **Calcular la frecuencia de selección**: comenzamos dividiendo 20 entre 4, que es igual a 5. Este será el intervalo con el que elegiremos a los participantes de la lista del marco muestral.

2. **Generar una lista de números aleatorios** que corresponda a cada cirujano potencialmente elegible:

9	7	17	11	1
2	6	8	12	14
15	20	5	18	13
19	3	4	16	10

3. **Elegir aleatoriamente** un profesional señalando con los ojos cerrados un número de la lista anterior.

4. Tomaremos, por ejemplo, al cirujano 9, que será nuestro **punto de partida** para realizar el muestreo. A partir de esta posición, se debe seguir el mismo intervalo contando hacia delante 5 posiciones de la lista en sentido horizontal.

Solución: Como resultado del muestreo sistemático, el cirujano 9, 2, 15 y 19 serán elegidos para participar en el estudio.

1.3.2. Muestreo no probabilístico

Además de garantizar que la muestra sea representativa, usar técnicas de muestreo probabilístico permite a los investigadores generalizar los resultados obtenidos a toda la población. Esto es posible porque, si hemos desarrollado bien el procedimiento que hemos explicado, la muestra resultante compartirá las mismas características con la población objetivo.

Sin embargo, en ocasiones se emplean métodos de **muestreo no probabilístico**, donde los participantes no se seleccionan al azar. Esto implica que no podemos saber con certeza la probabilidad de que una persona en particular sea elegida para formar parte del estudio.

Una de las ventajas de estas técnicas es que permiten reclutar a muchas personas en poco tiempo. No obstante, es necesario ser precavidos, ya que seguir una técnica de muestreo no probabilístico puede conducirnos a la inclusión de participantes no representativos de la población diana, lo que puede afectar enormemente a la validez de los resultados que se obtengan.

Algunos ejemplos del muestreo no probabilístico es el **muestreo intencional** y el **muestreo consecutivo**.

1.3.2.1. Muestreo intencional

El **muestreo intencional** es una modalidad de muestreo no probabilístico que consiste en la selección intencionada de ciertos participantes que los investigadores consideran más representativos. Es especialmente útil en aquellos casos en los que la población a la que va dirigida el estudio es heterogénea, o en investigaciones que requieren trabajar con una muestra pequeña.

Veamos un ejemplo concreto:

Ejemplo 11. *¿Es efectiva la terapia cognitivo-conductual para tratar el dolor espinal crónico?* Un grupo de especialistas en dolor crónico desea evaluar la efectividad de la terapia cognitivo-conductual en pacientes con dolor crónico de espalda. Para ello, deciden utilizar el muestreo intencional, seleccionando pacientes que cumplan con criterios específicos previamente establecidos por el equipo de investigación. Estos criterios podrían incluir, por ejemplo, que los pacientes vivan cerca del centro donde se lleva a cabo el estudio o que tengan disponibilidad para asistir a las sesiones de tratamiento.

Además, el muestreo intencional permite elegir a los participantes basándose en factores como el pronóstico o el tipo de tratamiento que están recibiendo. Sin embargo, este enfoque también puede introducir cierto sesgo, pues son precisamente estas características particulares de cada seleccionado, las que podrían llegar a influir en los resultados, impidiendo la generalización de las conclusiones a toda la población.

1.3.2.2. Muestreo consecutivo

El **muestreo consecutivo** es una técnica en la que los participantes se van incorporando al estudio de manera secuencial hasta alcanzar el tamaño muestral deseado. Los investigadores comienzan el proceso de reclutamiento en uno o varios centros, añadiendo participantes uno tras otro hasta completar el número necesario.

Para ilustrar esta estrategia no probabilística de selección de individuos, veamos el siguiente caso:

Ejemplo 12. *¿Es efectivo el nuevo medicamento para el control de la Diabetes Mellitus tipo 2 en pacientes atendidos en una consulta de atención primaria de una comarca?* En este estudio, los investigadores optan por un muestreo consecutivo. Esto significa que reclutarán a los primeros $n = 20$ pacientes con Diabetes Mellitus tipo 2 que acudan a la consulta del especialista, sumándolos al estudio de manera consecutiva hasta alcanzar el número de participantes requerido.

Esta estrategia es eficaz para reunir rápidamente el número de participantes que necesitamos, ya que permite incorporar a los pacientes de manera continua, sin pausas o retrasos significativos que puedan demorar la obtención de resultados. Sin embargo, al igual que ocurre con el muestreo intencional, al seleccionar a los sujetos de manera consecutiva, la muestra resultante puede que no sea completamente representativa de la población a la que va dirigida el estudio.

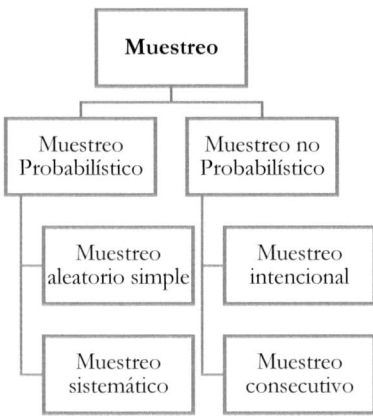

Esquema 3. *Clasificación de las técnicas de muestreo en los estudios de investigación.* El muestreo se divide en probabilístico y no probabilístico. El probabilístico incluye el muestreo *aleatorio simple* y el *sistemático*, donde cada sujeto de la población tiene una probabilidad conocida de ser elegido. En cambio, en el muestreo no probabilístico no se conoce la probabilidad con la que se selecciona cada participante. Entre el conjunto de técnicas no probabilísticas encontramos el muestreo *intencional* y el muestreo *consecutivo*.

1.4. Asignación oculta

Para determinar quién recibirá el tratamiento, el control o el placebo, es fundamental emplear un método de asignación válido que evite cualquier influencia por parte de los investigadores en la distribución de los tratamientos entre los participantes.

Uno de los métodos más comunes es la **asignación oculta** (*blinded allocation*), en la que ni los pacientes ni los investigadores conocen a qué grupo ha sido asignado cada participante. Entre las técnicas de asignación más comunes están la **aleatoria**, por **bloques**, la **estratificada** y la **secuencial**.

1.4.1. Asignación aleatoria

La **asignación aleatoria** asegura que cada sujeto tenga la misma probabilidad de ser asignado a cualquiera de los grupos que componen el experimento. De esta forma, si existiese algún sesgo este se distribuiría al azar, lo que garantizaría que, independientemente del tratamiento asignado, los grupos sean comparables.

Algunos métodos comunes para la asignación aleatoria son: *lanzar una moneda, usar listas de números aleatorios generadas por ordenador*, elegir un *sobre cerrado* o hacer *sorteos*.

A continuación, presentaremos un ejemplo de cómo se realiza esta asignación aleatoria:

Ejemplo 13. *¿Qué tan efectivo es el novedoso tratamiento eléctrico para tratar la migraña crónica?*. En un estudio que investiga la eficacia de un tratamiento mediante corriente transcraneal para la migraña crónica, los científicos optan por utilizar una asignación aleatoria para determinar cómo se repartirá la muestra entre los diferentes grupos de tratamiento.

Cada sujeto es asignado aleatoriamente a uno de los grupos del experimento: grupo de *intervención*, grupo de *control* o grupo de *placebo*, utilizando una lista de números generados aleatoriamente por ordenador. Este procedimiento garantiza que no existan patrones predecibles en el repartimiento y minimiza la posibilidad de que los investigadores influyan en la asignación de los participantes a los diferentes grupos.

La asignación aleatoria es, por tanto, la técnica más eficaz para prevenir, por ejemplo, que los científicos tiendan a asignar intencionadamente a los participantes más saludables a un grupo y a aquellos con peor estado de salud al otro. Como resultado de la aplicación de esta técnica de investigación, los grupos del experimento se configuran de manera más homogénea y equilibrada, lo que los hace comparables entre sí.

1.4.2. Asignación por bloques

La **asignación por bloques** reparte a todos los participantes en distintos grupos, llamados *bloques,* basándose en características compartidas que podrían influir en los resultados si no se tienen en cuenta. Una vez formados los *bloques*, los sujetos dentro de cada uno son asignados aleatoriamente a los diferentes grupos del experimento.

Este método asegura que las diferencias iniciales entre los grupos no distorsionen los resultados, permitiendo que las comparaciones entre ellos se concentren únicamente en el aspecto que los investigadores están evaluando.

Así, garantizamos que cualquier variación observada en los resultados sea achacable exclusivamente al factor que está siendo investigado y no a diferencias preexistentes entre los participantes.

Veamos un ejemplo práctico de cómo se aplica este procedimiento:

Ejemplo 14. *¿Es infalible el método de enseñanza de Ecografía?*. En un estudio sobre los efectos de un nuevo método de enseñanza en ecografía, los investigadores deciden utilizar la asignación por bloques para asegurar que los grupos de intervención y control sean comparables en términos de habilidad inicial.

En primer lugar, los radiólogos participantes son agrupados según su nivel de habilidad en esta prueba de imagen médica dando como resultado un grupo de *principiantes*, *intermedios* y *avanzados*. Una vez que son agrupados dentro de cada nivel de habilidad, los participantes son asignados aleatoriamente ya sea al grupo de intervención, que recibiría el nuevo método de enseñanza, o al grupo de control, que seguiría utilizando el método tradicional.

Esta asignación *al azar* dentro de cada bloque por nivel de habilidad asegura que ambos grupos sean comparables minimizando así el efecto que podría tener el nivel de habilidad inicial en los resultados finales del experimento.

Al final del estudio, los investigadores podrían evaluar de manera más precisa si el nuevo método de enseñanza capacita al radiólogo a desarrollar e interpretar un diagnóstico ecográfico en comparación con el tradicional, ya que cualquier diferencia observada podría atribuirse más directamente a la pedagogía de enseñanza utilizada y no a diferencias preexistentes en el nivel de habilidad entre los grupos.

1.4.3. Asignación estratificada

La **asignación estratificada** es similar a la asignación por bloques, pero es más precisa. En este método, los participantes se dividen en grupos llamados *estratos*, según determinadas características como la edad, el género, la gravedad de una enfermedad, entre otras.

Después, dentro de cada estrato, los participantes se asignan de manera aleatoria a los diferentes grupos del experimento. Esta técnica de reparto garantiza que dichas características se distribuyan de forma equitativa entre los grupos lo que permite que podamos realizar comparaciones entre los diferentes estratos que hemos creado.

Para ilustrar este concepto prestemos atención al siguiente ejemplo:

Ejemplo 15. *¿La eficacia del medicamento para el tratamiento de la alopecia depende de la edad?*. En un ensayo clínico para probar un nuevo tratamiento contra la alopecia, los investigadores deciden organizar a los participantes por grupos de edad.

Se divide a los pacientes en tres conjuntos: jóvenes (*18 a 30 años*), adultos (*31 a 50 años*), y mayores (más de *50 años*). Después, dentro de cada grupo de edad, los participantes se asignan aleatoriamente a distintas dosis del medicamento. De este modo se asegura que en cada grupo haya participantes de diferentes edades, permitiendo a los investigadores estudiar si la edad interfiere en la respuesta al tratamiento.

1.4.4. Asignación secuencial

En los estudios en los que se utiliza la técnica de **asignación secuencial**, los sujetos se asignan a los diferentes grupos a medida que van ingresando en el estudio. Este enfoque dinámico permite ajustar la asignación de los participantes de manera continua, recopilando nuevos datos conforme avanza la investigación.

A continuación, veremos un ejemplo de este procedimiento:

Ejemplo 16. *¿Es efectivo el nuevo método de innovación educativa en los estudios de Grado en Medicina?*. En un estudio sobre la educación que reciben los estudiantes de Grado en Medicina, los participantes se van asignando a diferentes métodos de enseñanza conforme se van inscribiendo.

Al comienzo, los primeros alumnos se asignan de manera aleatoria a los distintos itinerarios formativos. A medida que se van incorporando más estudiantes, se asignan a cada método de forma que los grupos queden equilibrados.

49

Este procedimiento permite adaptar la asignación según las necesidades de los investigadores, acelerando y optimizando la recolección de datos.

1.5. Enmascaramiento

En cualquier investigación es importante evitar que el procedimiento se vea influenciado por factores que puedan llegar a distorsionar los resultados. Además de seleccionar bien la muestra y asignar aleatoriamente a los participantes a los distintos grupos del experimento, una forma de prevenir la posible influencia de los sesgos en una investigación es a través de una técnica conocida como enmascaramiento (*blinding*).

El **enmascaramiento** es una técnica utilizada para evitar que tanto los sujetos como el personal del estudio sepan qué tratamiento está siendo administrado. Esto reduce la influencia de expectativas, creencias o actitudes que podrían alterar los resultados, haciendo que el efecto del tratamiento parezca mayor o menor de lo que realmente es.

De manera general, se pueden identificar tres tipos de enmascaramiento el **simple**, el **doble ciego** o el **triple ciego**.

1.5.1. Enmascaramiento simple

El **enmascaramiento simple**, o ciego simple, es un procedimiento en el que se oculta a los participantes la información sobre el grupo al que pertenecen (grupo de *tratamiento* o de *control*). Sin embargo, los encargados de administrar el tratamiento o de analizar los resultados sí disponen de tal información.

A continuación, se ilustra con un ejemplo:

Ejemplo 17. *¿Es eficaz el fármaco para el tratamiento de la hipertensión arterial?.* En un ensayo clínico diseñado para evaluar la eficacia de un nuevo medicamento contra la hipertensión, los investigadores han decidido optar por un enmascaramiento simple.

En este estudio, los participantes no saben si están recibiendo realmente el anti-hipertensivo sobre el que se está investigando o un placebo terapéutico. Sin embargo, el personal médico encargado de administrar y evaluar los efectos de la intervención sí que conoce la terapia que ha sido asignado a cada sujeto.

1.5.2. Enmascaramiento doble ciego

El **enmascaramiento doble ciego** es una técnica de ocultamiento en la que tanto los participantes como el personal encargado de aplicar el tratamiento no conocen la terapia exacta que se está administrando.

Esta técnica busca reducir los sesgos, de manera que ni los sujetos ni los investigadores que interactúan con ellos sepan si están recibiendo el tratamiento experimental, un placebo o un control. A continuación, se presenta un ejemplo:

Ejemplo 18. *¿Cuál de las dos terapias es más efectiva para el control del dolor postoperatorio?.* En un estudio que compara dos medicamentos para aliviar el dolor tras una cirugía, los investigadores deciden utilizar un enmascaramiento doble ciego. Los pacientes se dividen en dos grupos, uno recibe el medicamento y el otro un placebo. Para que ni los pacientes ni los responsables del estudio sepan quién está tomando el tratamiento real, ambos grupos reciben píldoras que lucen idénticas.

1.5.3. Enmascaramiento triple ciego

El **enmascaramiento triple ciego** lleva la técnica de ocultamiento un paso más allá, ya que no solo los participantes y el personal que administra el tratamiento desconocen qué terapia se está utilizando, sino que también los evaluadores que analizan estadísticamente los resultados permanecen ciegos a esta información.

Aunque su implementación es más compleja, el triple ciego es considerado el estándar más exigente para asegurar que los resultados no se vean influidos por las expectativas, los prejuicios o las interacciones conscientes o inconscientes de los participantes, el personal o los evaluadores.

Un ejemplo de este enfoque sería:

Ejemplo 19. *¿Es mejor la nueva terapia contra el asma o el tratamiento convencional?*. En un estudio que compara la eficacia de una nueva terapia para el asma con un tratamiento estándar, los científicos desean implementar un enmascaramiento triple ciego. En el diseño de estudio, plantean que ni los participantes, ni el personal encargado del tratamiento, ni los evaluadores de los resultados conozcan que intervención se va a administrar.

Para conseguir mantener el ocultamiento en estos tres integrantes del experimento, los dispositivos para la nueva terapia y el tratamiento estándar son idénticos en apariencia. Además, el protocolo está estandarizado para que el personal responsable de aplicar la terapia principal lo pueda seguir escrupulosamente.

Por último, los datos de los participantes se recopilan y analizan sin revelar el tipo de tratamiento que han recibido, garantizando que las expectativas y percepciones de todas las partes involucradas no influyan en los resultados del estudio.

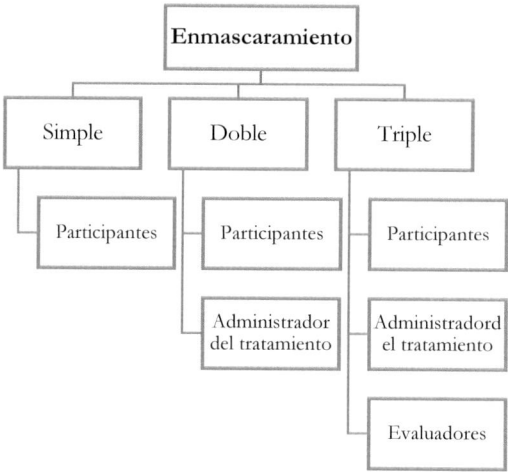

Esquema 4. *Clasificación de los enmascaramientos en los estudios de investigación.* En el enmascaramiento simple, solo los participantes desconocen la asignación del tratamiento. En el doble, tanto los participantes como los administradores de la intervención desconocen la asignación. Por su parte, en el enmascaramiento triple, ni los participantes, ni los administradores, ni tan siquiera los evaluadores conocen a qué grupo se ha asignado el sujeto.

1.6. Variables

Para comprender y analizar la realidad desde una perspectiva científica, es esencial utilizar conceptos que sean claros y bien definidos. En el trabajo de investigación, esto significa desgranar el fenómeno que queremos estudiar en dimensiones más pequeñas y fáciles de manejar hasta llegar a indicadores que puedan medirse de manera objetiva.

Las variables se pueden clasificar según diversos criterios. Por ejemplo, según *la relación que tienen entre sí*, como las variables **independientes, dependientes o covariables**; o *según cómo se miden*, distinguiéndose entre **cualitativas** y **cuantitativas**. También se pueden clasificar según las posibilidades de *ordenación de sus atributos*, como en el caso de las variables **ordinales**.

1.6.1. Variable independiente

La **variable independiente**, también conocida como *causa* o *factor* de interés, es aquella que se manipula en un experimento con el objetivo de provocar un efecto en otra variable. A continuación, presentaremos un ejemplo para ilustrar este concepto:

Ejemplo 20. *¿Influyen las horas de estudio diarias en el resultado del examen?*. En este estudio observacional sobre el rendimiento académico, la variable X_i = *Horas de estudio diarias* se la considera como variable independiente, ya que su modificación podría afectar a las calificaciones finales de los estudiantes.

Por ejemplo, al aumentar las horas de estudio diarias, se espera que las calificaciones mejoren, mientras que una disminución en el tiempo dedicado a esta tarea podría resultar en un rendimiento académico más bajo.

1.6.2. Variable dependiente

La **variable dependiente** es la que se modifica como respuesta al efecto producido por la variable independiente. También se le conoce como *resultado* o *efecto*, ya que representa la medición del impacto que la manipulación de la variable independiente ha tenido. Utilicemos el siguiente ejemplo para clarificar este concepto:

Ejemplo 21. *¿Influyen las horas de estudio diarias en el resultado del examen?*. Siguiendo el mismo ejemplo anterior, la Y_i = *Calificaciones finales* es considerada la variable dependiente ya que puede verse influenciada por la acción de la variable independiente X_i = *Horas de estudio*. Al analizar los datos, se podría observar que los estudiantes que dedican más horas al estudio tienden a obtener mejores calificaciones, lo que permitiría deducir que podría llegar a existir una relación entre las X_i = *Horas de estudio* y las Y_i = *Calificaciones finales*.

1.6.3. Covariable

La **covariable** es un tipo de variable que se mide en estudios científicos porque se considera que puede influir en la relación entre la variable *independiente* y la variable *dependiente*.

Veamos el siguiente ejemplo:

Ejemplo 22. *¿Es eficaz el antihipertensivo para el control de la hipertensión arterial?*. En un estudio sobre los efectos de un medicamento para reducir X_i = *Presión arterial (mmHg)*, la edad de los participantes podría considerarse una covariable, ya que los cambios en la presión arterial que puedan detectarse durante el estudio podrían estar influenciados por la edad de los sujetos en lugar del nuevo anti-hipertensivo que se está evaluando.

A continuación, se presenta una tabla que resume los tipos de variables según *la relación que mantienen entre ellas:*

Categoría	Descripción	Ejemplo
Independiente	Variable que se manipula o controla en un estudio para observar su efecto sobre otra variable. Se considera la *causa* o *factor* de interés.	*Cantidad de horas de estudio diarias* en un trabajo sobre rendimiento académico.
Dependiente	Variable que se mide o registra en respuesta a la manipulación de la variable independiente. Se considera el *efecto* o el *resultado*.	*Calificaciones finales* de los estudiantes en un estudio sobre rendimiento académico.
Covariable	Variable adicional que se mide y controla en un estudio para eliminar posibles fuentes de confusión.	El *nivel socioeconómico* del estudiante puede estar relacionado con recursos educativos, tiempo disponible y entorno familiar.

Tabla 4. Tipo de variables clasificadas en función de la *relación entre ellas*.

Por otro lado, las variables también se pueden clasificar según su *escala de medida* en:

1.6.4. Variable cualitativa o categórica

Las variables **cualitativas** (o **categóricas**), como su nombre indica, son aquellas que se refieren a atributos no numéricos y, en general, no pueden ser cuantificadas.

Un ejemplo de estas variables son el *hábito de fumar* o la *historia de arritmias*, que se clasifican como variables cualitativas **dicotómicas**. Se consideran así porque se dividen en dos categorías opuestas. En el caso del hábito de fumar, la distinción es clara: una persona es fumadora o no fumadora. Lo mismo ocurre con la arritmia, donde alguien puede haberla padecido o no.

Por otra parte, existen variables cualitativas que son **politómicas**, como la *raza* o el *género*, que se pueden clasificar en múltiples categorías. Por ejemplo, en el caso de la *raza*, podemos encontrar categorías como blanca, negra, asiática, indígena y mestiza, entre otras. En cuanto al *género*, además de masculino y femenino, se incluyen identidades como no binario, género fluido y agénero.

1.6.5. Variable cuantitativa o numérica

Las **variables cuantitativas** son un tipo de variable que se definen por valores *numéricos*. Esta propiedad permite realizar, a diferencia de las variables categóricas, operaciones matemáticas directamente con ellas.

Dentro de las variables cuantitativas, encontramos dos tipos: las variables **discretas**, que se expresan mediante números enteros y representan cantidades contables, como el *número de hijos*; y las variables **continuas**, que pueden asumir cualquier valor decimal y son utilizadas para medir características que pueden variar en un rango, como el *nivel de triglicéridos en una muestra de sangre*.

Las variables también se pueden clasificar según la *posibilidad de ordenar sus atributos*. En este caso, hablamos de variables **ordinales** cuando sus categorías o valores pueden organizarse secuencialmente en función de su magnitud e importancia.

Veamos un ejemplo de estas últimas:

Ejemplo 23. *Clasificación de la intensidad de dolor de una muestra.* La intensidad del dolor se clasifica en una escala del *"0"* al *"10"*, que muestra una progresión de menor a mayor severidad con intervalos uniformes entre los niveles.

Pero, las variables ordinales no solo se aplican a valores numéricos, sino también a atributos cualitativos. A continuación, exponemos un ejemplo ilustrativo:

Ejemplo 24. *Satisfacción del cliente con la limpieza de un hospital.* Un ejemplo de variable ordinal cualitativa sería la satisfacción de los pacientes y sus familiares con el servicio de limpieza del hospital de una ciudad. Esta variable podría definirse en categorías como *muy insatisfecho, insatisfecho, neutral, satisfecho* y *muy satisfecho* de modo que cada una de ellas se organizan siguiendo un orden lógico y consecutivo de menor a mayor satisfacción. En la siguiente tabla presentamos los principales tipos de variables, clasificadas según su *escala de medida.*

Categoría	Descripción	Ejemplo
Cualitativas	Variables que carecen de una medición numérica directa y representan propiedades no cuantificables en términos numéricos.	Raza, género, ser fumador o no fumador.
Cuantitativas	Variables que representan cantidades numéricas y permiten realizar operaciones matemáticas. Se dividen en discretas y continuas.	Número de hijos (*discreta*), nivel de triglicéridos en sangre (*continua*).
Ordinales	Variables que representan una categoría específica en la cual los valores pueden ser dispuestos en un orden secuencial en función de su magnitud o importancia.	Intensidad del dolor clasificada desde "*leve*" hasta "*severo*". Satisfacción con la limpieza de los servicios de un aeropuerto "*muy insatisfecho*", "*insatisfecho*", "*neutral*", "*satisfecho*" y "*muy satisfecho*".

Tabla 5. Tipo de variables clasificadas según su *escala de medida.*

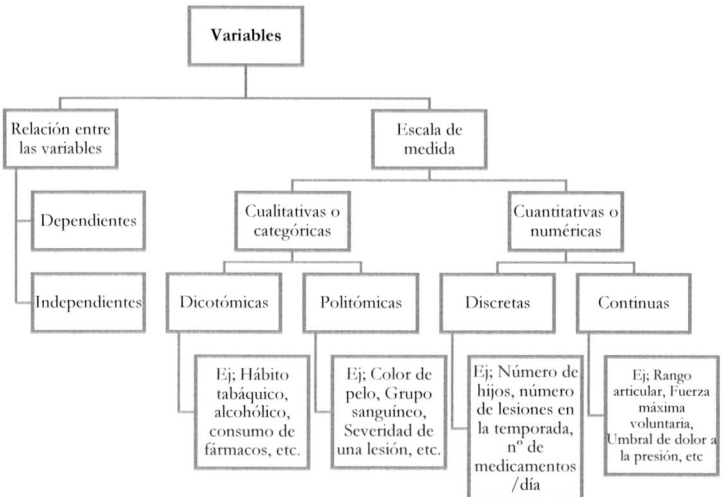

Esquema 5. Clasificación de variables en estadística. Las variables se dividen según la relación entre ellas en *dependientes* e *independientes*. Según la escala de medida se clasifican en *cualitativas o categóricas* y *cuantitativas o numéricas*. Las *cualitativas* pueden ser dicotómicas o politómicas mientras que las *cuantitativas* se dividen en discretas y continuas.

CAPÍTULO 2.
El *resumen gráfico* de los datos

2.1. Representación tabular de los datos

En el siglo XIX, el polímata belga Adolphe Quetelet (1796-1874) fue uno de los primeros en introducir "*tablas*" en los trabajos científicos con el propósito de mejorar la visualización y comprensión de una distribución de datos. Años más tarde, Karl Pearson (1857-1936), un estadístico inglés discípulo del matemático Sir Francis Galton (1822-1911), perfeccionó el diseño de las tablas de recuento, estableciendo un formato que sigue siendo utilizado en la actualidad.

En términos generales, las **tablas de frecuencias** son herramientas que representan en forma tabular la cantidad de veces que se repite una observación, es decir, la frecuencia con la que aparece una categoría o un valor dentro de un conjunto de datos. Estas tablas son especialmente útiles para resumir grandes cantidades de información, identificar patrones de comportamiento de los distintos valores y ofrecer una visualización clara de su variabilidad.

La estructura y el contenido de estas tablas dependen del tipo de variable que se desea resumir. Si la variable es cualitativa, la tabla reflejará las distintas categorías o clases, en cambio, si es una distribución cuantitativa, puede mostrar los valores individuales o bien agrupados en intervalos.

2.1.1. Tabla de frecuencias para una variable cualitativa o categórica

Se trata de una tabla destinada a organizar y resumir los datos de variables cualitativas. En esta representación, se muestran las diferentes categorías que puede contener la variable (X_i) y la frecuencia con la que cada una de ellas aparece en el conjunto de datos.

Para profundizar en ella veamos un ejemplo:

Ejemplo 1. *Presión arterial de una comunidad atendida en un centro de atención primaria.* En la siguiente tabla de frecuencias de una variable cualitativa, se presentan los resultados de una evaluación de la X_i = *Presión arterial,* de una muestra $n = 100$ pacientes atendidos en un centro de atención primaria.

X_i [Presión arterial]	n_i	$f_i = \dfrac{n_i}{N}$	N_i	$F_i = \dfrac{N_i}{N}$
Normal	45	$f_i = \dfrac{45}{100} = 0,45$	45	$F_i = \dfrac{45}{100} = 0,45$
Elevada	33	$f_i = \dfrac{33}{100} = 0,33$	78	$F_i = \dfrac{78}{100} = 0,78$
HTA E1	17	$f_i = \dfrac{17}{100} = 0,17$	95	$F_i = \dfrac{95}{100} = 0,95$
HTA E2	5	$f_i = \dfrac{5}{100} = 0,05$	100	$F_i = \dfrac{100}{100} = 1,00$
Total	**100**	**$1,00$**		

Tabla 1. *Presión arterial de una comunidad atendida en un centro de atención primaria.* Tabla de frecuencias para una variable cualitativa. Abreviaturas: HTA E1: Hipertensión arterial Estadio 1; HTA E2: Hipertensión arterial Estadio 2; X_i: Categoría de la

variable, n_i: frecuencia absoluta, f_i: frecuencia relativa, N_i: frecuencia absoluta acumulada, F_i: frecuencia relativa acumulada.

La primera columna refleja las diferentes categorías de la variable, en este caso, los diferentes estadios de gravedad de la X_i = *Presión arterial.* Al examinar el resto de las columnas de la tabla, se pueden extraer las siguientes conclusiones:

a. Un total de n = 45 participantes, lo que corresponde al 45 % del total, tenían una presión arterial dentro del rango considerado como *Normal.* Además, n = 5 individuos padecían *HTA E2*, lo que representa el 5% de los sujetos.

b. El 33% de los participantes, es decir, n = 33 personas, presentaban una presión arterial *elevada.* Asimismo, n = 17 sujetos, equivalentes al 17 % de la muestra, mostraban *HTA E1*.

c. De los n = 100 participantes, n = 78 mostraban unos niveles de presión arterial considerados *Normales* o *Elevados*, representando el 78% del total. De esto se deduce que el 22% restante padecía algún tipo de hipertensión arterial (*HTA*).

2.1.2. Tabla de frecuencias para una variable cuantitativa o numérica discreta

Una tabla de frecuencias para una variable cuantitativa discreta se utiliza para clasificar y resumir datos numéricos de una variable que únicamente puede tomar valores enteros. Al igual que las tablas para cualitativas, esta también presenta el recuento de las veces que aparece cada observación en el conjunto de datos.

La principal diferencia respecto a las que vimos en el apartado anterior radica en que, en este caso, la primera columna X_i contiene los valores numéricos enteros que puede tomar la variable, en lugar del nombre de cada una de las categorías.

Para ilustrar este concepto veamos este ejemplo:

Ejemplo 2. *Número de hospitalizaciones de los ancianos de una residencia.* En la tabla de frecuencias que se muestra a continuación se presenta el X_i = *Número de hospitalizaciones* que han requerido los $n = 20$ ancianos de la residencia del pueblo durante el último año.

A continuación, se exponen los datos que se han registrado en la muestra de participantes:

X_i= {1, 1, 2, 3, 3, 3, 4, 4, 4, 5, 5, 5, 6, 6, 6, 7, 7, 7, 7, 7, 8, 8, 8, 9, 10}

X_i [N.º de hospitalizaciones]	n_i	$f_i = \dfrac{n_i}{N}$	N_i	$F_i = \dfrac{N_i}{N}$
[0;2]	2	$f_i = \dfrac{2}{25} = 0{,}08$	2	$F_i = \dfrac{2}{25} = 0{,}08$
[2;4]	4	$f_i = \dfrac{4}{25} = 0{,}16$	6	$F_i = \dfrac{6}{25} = 0{,}24$
[4;6]	6	$f_i = \dfrac{6}{25} = 0{,}24$	12	$F_i = \dfrac{12}{25} = 0{,}48$

[6;8]	8	$f_i = \dfrac{8}{25} = 0{,}32$	20	$F_i = \dfrac{20}{25} = 0{,}8$
[8;10]	5	$f_i = \dfrac{5}{25} = 0{,}2$	25	$F_i = \dfrac{25}{25} = 1{,}00$
Total	25	1,00		

Tabla 2. *Número de hospitalizaciones de los ancianos de la residencia del pueblo.* Tabla de frecuencias para una variable cuantitativa discreta. Abreviaturas: X_i: Categoría de la variable, n_i: frecuencia absoluta, f_i: frecuencia relativa, N_i: frecuencia absoluta acumulada, F_i: frecuencia relativa acumulada.

Dado que el X_i = *Número de hospitalizaciones* es una variable cuantitativa discreta, en la primera columna se resumen mediante intervalos delimitados por **corchetes** los valores enteros que puede tomar esta variable. Esta notación indica que cada intervalo que aparece en la tabla incluye todos los valores comprendidos entre el límite inferior (L_i) y el límite superior (L_s), incluidos ellos mismos.

Al continuar con la interpretación del resto de la tabla del ejemplo anterior, se pueden alcanzar fácilmente las siguientes conclusiones:

a. Dos pacientes, lo que representa el 8% del total de ancianos, tuvieron entre 0 y 2 ingresos. Por otro lado, $n = 8$ pacientes, es decir, el 32% del total, ingresaron en el hospital entre 6 y 8 veces.

b. El 16% de los ancianos, equivalente a cuatro residentes de la muestra, tuvo entre 2 y 4 ingresos, mientras que $n = 5$ pacientes, que constituyen el

20% del total de residentes, registraron entre 8 y 10 ingresos en el último año.

c. Si consideramos que un número de ingresos de hasta 4 se clasifica como bajo, se observa que el 24% de la muestra, es decir, 6 ancianos, tuvo como máximo 4 ingresos durante el último año.

d. Además, el 80% de los pacientes, es decir, $n = 20$ ancianos, no superaron los 8 ingresos.

2.1.3. Tabla de frecuencias para una variable cuantitativa o numérica continua

Su propósito, al igual que en las tablas de frecuencias para variables discretas, es indicar la cantidad de veces que un valor numérico se repite dentro de los distintos intervalos de clase. A diferencia de las discretas, las tablas de frecuencias para variables continuas son útiles para organizar y resumir datos numéricos decimales.

A continuación, se muestra un ejemplo de este tipo de tabla:

Ejemplo 3. *Concentración de lactato en corredores de Maratón.* En la siguiente tabla de frecuencias se resume la X_i = *Concentración de ácido láctico (mmol/L)* de $n = 20$ corredores de Maratón al finalizar la prueba clasificatoria para el campeonato europeo.

A continuación, se presentan de forma ordenada los valores decimales registrados:

X_i = {5.2, 5.7, 5.7, 6.5, 7.4, 7.5, 8.2, 8.4, 9.1, 9.1, 9,4, 9.5, 9.8, 10, 10.4, 11.1, 11.2, 11.7, 12.3, 12.9}

X_i [mmol/L]	n_i	$f_i = \dfrac{n_i}{N}$	N_i	$F_i = \dfrac{N_i}{N}$
[5;7)	4	$f_i = \dfrac{4}{20} = 0,2$	4	$F_i = \dfrac{4}{20} = 0,2$
[7;9)	4	$f_i = \dfrac{4}{20} = 0,2$	8	$F_i = \dfrac{8}{20} = 0,4$
[9;11)	7	$f_i = \dfrac{7}{20} = 0,35$	15	$F_i = \dfrac{15}{20} = 0,75$
[11;13]	5	$f_i = \dfrac{5}{20} = 0,25$	20	$F_i = \dfrac{20}{20} = 1,00$
Total	20	1,00		

Tabla 3. *Concentración de lactato en corredores de Maratón.* Tabla de frecuencias para una variable cuantitativa continua. Abreviaturas: X_i: Categoría de la variable, n_i: frecuencia absoluta, f_i: frecuencia relativa, N_i: frecuencia absoluta acumulada, F_i: frecuencia relativa acumulada.

En el ejemplo mostrado de la tabla de X_i = *Concentración de ácido láctico (mmol/L)*, la primera columna muestra los intervalos numéricos. El **corchete** a la izquierda de cada intervalo indica que el límite inferior (L_i) está incluido, mientras que el **paréntesis** a la derecha señala que el límite superior (L_s) no lo está, sino que forma parte del siguiente intervalo. Esto es distinto de las tablas para variables discretas, donde, por lo general, el límite superior (L_s) sí suele incluirse.

Un caso especial es el último intervalo de la tabla, donde el límite superior (L_s) está marcado por un corchete en lugar de un paréntesis. Esto indica que, si hubiera un valor exactamente igual al límite superior, este se incluiría en el mismo intervalo.

A partir de la tabla de frecuencias del ejemplo anterior se puede concluir que:

a. Un total de $n = 4$ corredores, lo que representa el 20% del total, tenía una concentración de lactato después de la carrera entre 5 y 7 mmol/L, mientras que $n = 7$ participantes en la carrera, es decir, el 35%, tenían una concentración entre 9 y 11 mmol/L.

b. El 75% de los participantes en la carrera, es decir, $n = 15$ deportistas, tenían una concentración de lactato después de la carrera de 11 mmol/L o menos, mientras que $n = 8$ corredores, un 40%, tenían una concentración de 8,9 mmol/L o menos.

Para construir una tabla de frecuencias para variables cualitativas o cuantitativas discretas, el proceso suele ser muy sencillo. Sin embargo, cuando trabajamos con una variable cuantitativa continua, como la $X_i = $ *Concentración de ácido láctico (mmol/L),* es necesario seguir ciertos pasos adicionales.

En el caso de variables continuas, la **primera columna** de la tabla debe representar los **valores que toma la variable** (X_i), que suelen ser números decimales. Sin embargo, debido a la naturaleza continua de estos números, podríamos necesitar una cantidad infinita de filas, ya que es poco probable que dos o más decimales se repitan exactamente en la muestra. Para resolverlo es fundamental agrupar los valores decimales en **intervalos de clase**.

En este punto cabe recordar que, si bien agrupar en intervalos es una forma muy útil de simplificar la información de centenas o incluso miles de datos de una variable, supone, al mismo tiempo, una pérdida de precisión, ya que cada intervalo cubre un rango de valores sin mostrar exactamente cuál es el valor original que está en su interior.

Dicho lo anterior, para proceder a su cálculo es muy importante que siga atentamente el siguiente procedimiento:

1. **Listar los datos originales**.

2. **Ordenar el conjunto de datos** de menor a mayor.

3. **Calcular el rango de datos (R)** que es la diferencia entre los valores máximo (Max) y mínimo (Min).

$$R = Max - Min$$

4. **Determinar el número de intervalos (K)** a partir de la fórmula de *Sturges*:

$$K = 1 + 3{,}3 \times log(n)$$

Donde,
n = Tamaño muestral

Una vez que se haya calculado el **número de intervalos** (*K*), habrá que redondearlo al valor más cercano para obtener un número entero de intervalos.

5. **Calcular la amplitud (*Δ*)** de cada intervalo dividiendo *R* entre *K*.

$$\Delta = \frac{R}{K}$$

Donde,

R = Rango del intervalo

K = Número de intervalos

La amplitud (*Δ*) será la misma en todas las clases, salvo en el último intervalo, que a veces debe ajustarse ligeramente debido al redondeo, para asegurar que se incluyan todos y cada uno de los datos de la distribución.

Una vez definidos los intervalos, es muy importante comprobar también que las clases no se solapen, de modo que cada valor pertenezca únicamente a una de ellas. Además, recuerde que debe evitar dejar espacios vacíos entre los intervalos para que todos los valores que componen la muestra estén incluidos en el recuento de las frecuencias.

En la **segunda columna** se suelen representar las **marcas de la clase** (*m_i*). Estos valores se comportan como los representantes del intervalo y se obtienen mediante el cálculo del promedio entre el límite inferior (L_i) y el límite superior (L_s).

La fórmula para calcularlas es la siguiente:

$$m_i = \frac{L_i + L_s}{2}$$

Donde,

L_i = Límite inferior del intervalo

L_s = Límite superior del intervalo

La columna de las m_i es fundamental para las tablas de variables numéricas, ya que, al ser un punto medio del intervalo, permite realizar, como veremos en el siguiente capítulo, una serie de cálculos para resumir numéricamente los datos de la distribución.

En la **tercera columna**, denominada **frecuencias absolutas (n_i)**, se registrará el número de observaciones que pertenecen a cada intervalo. El procedimiento que se debe seguir para rellenar esta columna es bien sencillo y consiste en contabilizar cuántos valores de la muestra corresponden a cada intervalo de la tabla de frecuencias.

En la **cuarta**, debemos registrar las **frecuencias relativas (f_i)**, que informan de cuál es la proporción de datos de la muestra que corresponde a cada intervalo. Se calculan dividiendo las frecuencias absolutas (n_i), que obtuvimos en la columna anterior, entre el número total de valores de la distribución conocido como *tamaño de la muestra* (*N*).

Se obtienen a partir de la siguiente fórmula:

$$f_i = \frac{n_i}{N}$$

El resultado para cada clase será un número racional y natural entre 0 y 1. Una manera de comprobar que el cálculo es correcto consistiría en verificar que la suma de todos los valores de las *frecuencias relativas* (f_i) obtenidas para cada intervalo de la tabla es igual a 1.

No obstante, es importante advertir que en algunos casos la suma de las f_i no siempre alcanza exactamente ese valor. Esta diferencia se debe a una pérdida de información, que generalmente varía entre el 1% y el 2%, y que suele producirse al limitar el número de cifras decimales por medio del redondeo. Además, es común ofrecer el valor de las f_i en porcentajes (%) para lo cual será necesario que añadamos nuevas columnas y multipliquemos cada valor resultante de f_i por 100.

En la **quinta columna**, se deben calcular las **frecuencias absolutas acumuladas (N_i)**, que representan la suma acumulativa de las *frecuencias absolutas* (n_i) hasta un punto en la distribución de datos. Dicho de otro modo, la N_i de un intervalo específico es simplemente la suma de las *frecuencias absolutas* (n_i) de ese intervalo y además de todos los anteriores.

En la **sexta**, se calculan las **frecuencias relativas acumuladas (F_i)** dividiendo las *frecuencias absolutas acumuladas*

(N_i), que calculamos en la quinta columna, entre el tamaño de la muestra (N).

$$F_i = \frac{N_i}{N}$$

A diferencia de las *frecuencias absolutas acumuladas* (N_i), que se presentan como números enteros, las F_i proporcionan una visión más clara de la acumulación de datos en términos relativos, expresando cada valor como un porcentaje del total de la muestra, lo que facilita el análisis comparativo dentro del conjunto estudiado. El siguiente esquema representa la estructura general de una tabla de frecuencias:

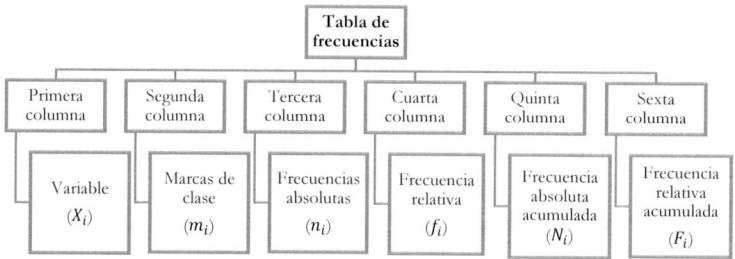

Esquema 1. *Tabla de frecuencias.* La tabla de frecuencias está organizada en seis columnas: la primera columna incluye la variable (X_i), la segunda columna las marcas de clase (m_i), la tercera columna las frecuencias absolutas (n_i) la cuarta columna las frecuencias relativas (f_i), la quinta columna las frecuencias absolutas acumuladas (N_i), y la sexta columna las frecuencias relativas acumuladas (F_i).

Para que las frecuencias acumuladas tengan sentido, es importante que los datos correspondan a una variable ordinal, es decir, que sigan un orden lógico, como por ejemplo de menor a mayor. Si la variable no es ordinal y los datos no tienen una secuencia lógica y sucesiva, no se puede calcular las frecuencias acumuladas (tanto *absolutas* N_i como *relativas* F_i), ya que sería imposible que los intervalos puedan acumular información de las clases anteriores.

2.2.   Representación gráfica de los datos

Presentar los datos de una variable en una tabla de frecuencias es una forma efectiva de mostrar con detalle cómo se organiza una distribución de datos. Sin embargo, su interpretación puede resultar compleja para quienes, por falta de conocimiento o tiempo, necesitan comparar rápidamente entre sí cuantos elementos de la muestra se encuentran en las distintas categorías o intervalos de clases.

Una forma más sencilla de comprender cómo es la distribución es transformar las tablas de frecuencias en **representaciones gráficas**. Éstas consisten en una serie de imágenes geométricas que representan un conjunto de datos de manera más visual e intuitiva. Aunque existen varios tipos de gráficos, que exploraremos más adelante, cada una de las figuras está compuesta, por lo general, por diferentes barras o secciones cuyas áreas son proporcionales a la frecuencia que representan.

La elección del gráfico más adecuado depende de la naturaleza de la variable que se desea representar, es decir, si se tratan de variables *cualitativas* o *cuantitativas*.

2.2.1. Gráficos para variables cualitativas o categóricas

2.2.1.1. Diagrama de barras

William Playfair (1759-1823) colaborador de James Watt, el inventor de la máquina de vapor, propuso por primera vez en *The Commercial and Political Atlas* (1786) un diagrama de barras como gráfico para la visualización de datos.

El **diagrama de barras** (*bar plot*) es, sin lugar a duda, uno de los gráficos más utilizados para representar la frecuencia con la que cada una de las categorías o valores de un intervalo aparece repetido dentro de un conjunto de datos. Su principal ventaja es que permite visualizar y comparar entre sí las distintas categorías o intervalos, mediante barras cuya altura es proporcional a las *frecuencias absolutas* (n_i) que representan.

Además, cuando la variable es de tipo ordinal, este diagrama también puede utilizarse para visualizar las *frecuencias absolutas acumuladas* (N_i). En este último caso el gráfico resultante adquiere una forma de escalera ascendente, ya que cada barra no solo refleja sus propios datos, sino que también acumula los de las categorías anteriores.

Teniendo presente esto veamos los pasos necesarios para elaborar este gráfico:

1. **Realizar un recuento** de las *frecuencias absolutas* (n_i) de cada categoría.

2. **Representar un plano definido por dos ejes cartesianos**: en el eje horizontal se colocan las categorías o intervalos de la variable mientras que en el eje vertical se sitúan las *frecuencias absolutas* (n_i).

Para cada categoría, se levanta una barra cuya altura es proporcional a su frecuencia, manteniendo equidistancia y un ancho uniforme entre ellas. Es importante que las barras sean delgadas y estén separadas para enfatizar que cada recuento sea excluyente y no se superponga con el resto de las categorías o intervalos.

Esta separación distingue al *diagrama de barras* del histograma, en el cual, como veremos más adelante, las barras se presentan sin espacios entre ellas.

A continuación, le mostramos un ejemplo en el que se explica cómo se construye este diagrama:

Ejemplo 4. *Frecuencia de consumo de alimentos en una muestra de niños de hogares sin recursos.* Para desarrollar un plan de alimentación saludable en niños provenientes de hogares sin recursos, es muy importante entender en detalle su dieta.

Con este fin, se ha llevado a cabo un estudio exhaustivo que involucra a $n = 100$ niños. En la siguiente tabla se representa el $X_i = $ *Tipo de alimentos consumidos.*

X_i [Tipo de alimentos consumidos]	n_i
Frutas	40
Vegetales	30
Carnes magras	15
Granos enteros	10
Comida rápida	5

Cuando se representa esta tabla a través de un *diagrama de barras*, el resultado es el siguiente:

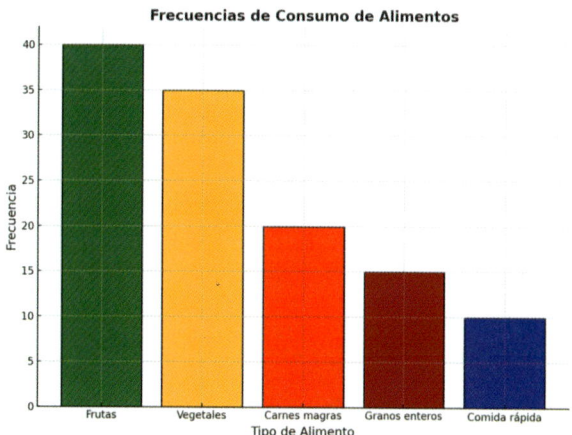

Figura 1. Diagrama de barras en el que se representa las frecuencias de la variable X_i = *Tipo de alimentos consumidos*. En este diagrama, la altura de cada columna refleja la frecuencia correspondiente. Observe que cada categoría de la variable cualitativa se representa con columnas con el mismo ancho, separadas y equidistantes.

2.2.1.2. Diagrama de sectores

A mediados del siglo XIX, Florence Nightingale (1820-1910), enfermera y pionera en el análisis estadístico y gráfico, utilizó sectores circulares en su célebre *Diagrama de la Rosa* para representar las causas de mortalidad en hospitales militares durante la Guerra de Crimea. Aunque no se trata de un *diagrama de sectores* en el sentido moderno, su contribución sentó las bases para la forma actual de este tipo de gráficos.

Un **diagrama de sectores** (*pie chart*) es una representación gráfica de aspecto circular utilizada para mostrar la frecuencia de aparición de las categorías de una variable cualitativa. El círculo se divide en varios *sectores*, y cada uno de ellos ocupa un ángulo proporcional a la frecuencia de la categoría que representan dentro de un conjunto de datos.

Para entender mejor su construcción, veamos el siguiente ejemplo:

Ejemplo 5. *Presión arterial de una comunidad atendida en un centro de atención primaria.* Retomamos el ejemplo de la $X_i =$ *Presión arterial* que se abordó anteriormente en la **Tabla 1**.

X_i [Presión arterial]	n_i	f_i	N_i	F_i
Normal	45	$f_i = \dfrac{45}{100} = 0,45$	45	$F_i = \dfrac{45}{100} = 0,45$
Elevada	33	$f_i = \dfrac{33}{100} = 0,33$	78	$F_i = \dfrac{78}{100} = 0,78$

HTA E1	17	$f_i = \dfrac{17}{100} = 0,17$	95	$F_i = \dfrac{95}{1000} = 0,95$
HTA E2	5	$f_i = \dfrac{5}{100} = 0,05$	100	$F_i = \dfrac{100}{100} = 1,00$
Total	**100**	**1,00**		

Tabla 4. Presión arterial de una comunidad atendida en un centro de atención primaria.

Para crear un gráfico de sectores lo primero que debemos hacer es calcular los ángulos que ocuparán cada categoría en la distribución de la variable X_i = *Presión arterial*. Para esto podemos utilizar dos métodos: la *multiplicación directa* o la *regla de tres simple*.

1. **Multiplicación directa**: consiste en multiplicar por 360º, que correspondería al total de grados que podemos asignar dentro de una circunferencia, por la *frecuencia relativa* (f_i) de cada categoría.

    Para la categoría Presión arterial *Normal:*

    $$360º \times f_i = 360 \times 0,45 = 162º$$

    Para la categoría Presión arterial *Elevada:*

    $$360º \times f_i = 360 \times 0,33 = 118,8º$$

    Para la categoría Presión arterial *HTA Estadio 1:*

$$360^{\underline{o}} \times f_i = 360 \times 0{,}17 = 61{,}2^{\underline{o}}$$

Para la categoría Presión arterial *HTA Estadio 2:*

$$360^{\underline{o}} \times f_i = 360 \times 0{,}05 = 18^{\underline{o}}$$

2. **Regla de tres simple**: consiste en relacionar el número total de observaciones, en este caso $n = 100$, con los grados asignados a cada categoría $(X^{\underline{o}})$. La lógica de este procedimiento es que, conociendo el total de observaciones, se puede calcular cuántos grados corresponden a una categoría específica utilizando su *frecuencia absoluta* (n_i) y aplicando una simple *regla de tres.*

Para la categoría Presión arterial *Normal:*

$$X^{\underline{o}} = \frac{n_i \times 360}{n} = \frac{45 \times 360}{100} = 162^{\underline{o}}$$

Para la categoría Presión arterial *elevada:*

$$X^{\underline{o}} = \frac{n_i \times 360}{n} = \frac{33 \times 360}{100} = 118{,}8^{\underline{o}}$$

Para la categoría Presión arterial *HTA Estadio 1:*

$$X^{\underline{o}} = \frac{n_i \times 360}{n} = \frac{17 \times 360}{100} = 61{,}2^{\underline{o}}$$

Para la categoría Presión arterial *HTA Estadio 2:*

$$X^{\underline{o}} = \frac{n_i \times 360}{n} = \frac{5 \times 360}{100} = 18^{\underline{o}}$$

Veamos cómo queda representada la X_i = *Presión arterial* a través del diagrama de sectores:

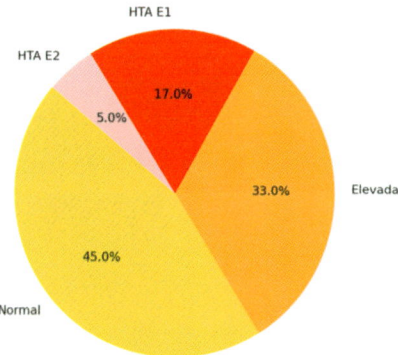

Distribución de la Presión Arterial

Figura 2. Diagrama de sectores de X_i = *Presión arterial.* En este *pie chart*, podemos observar que cada categoría de la variable cualitativa se representa como un sector del círculo. El ángulo de cada sector es proporcional a la frecuencia que representa, por lo que los sectores más grandes indican categorías con frecuencias más altas, mientras que los sectores más pequeños representan aquellas con frecuencias menores.

Independientemente del método que escojamos para representarlo, será necesario trazar un conjunto de ángulos proporcionales a cada categoría hasta completar la circunferencia del *pie chart*. De este modo, las categorías más frecuentes ocuparán sectores más amplios del gráfico, mientras que las menos frecuentes quedarán representadas en sectores más pequeños.

Estos diagramas son ideales para representar la distribución de cualitativas que tienen pocas categorías, como la variable X_i = *Presión arterial*, que solo cuenta con 4. Esto se debe a que los sectores son más distinguibles lo que, indudablemente, facilita que podamos comparar las categorías entre sí.

Sin embargo, cuando una variable cualitativa presenta muchas categorías, los *diagramas de sectores* pueden perder efectividad a la hora de mostrar las proporciones de cada categoría. Aunque las más frecuentes se podrán visualizar con claridad, las categorías menos comunes resultarán difíciles de distinguir, lo que dificultará la interpretación general del gráfico

En estos casos, es preferible utilizar un *diagrama de barras,* dado que facilita una identificación más precisa de cada una de las categorías y proporciona una representación más ordenada.

2.2.2. Gráficos para variables cuantitativas o numéricas

2.2.2.1. Histograma

En 1895, Pearson utilizó por primera vez el término **histograma** para describir un gráfico que empleaba barras unidas para representar la frecuencia de valores dentro de diferentes intervalos de clases.

Está definido por un eje horizontal que representa las clases o rangos de valores (X_i), mientras que el eje vertical muestra el recuento en *frecuencias absolutas* (n_i) o *relativas* (f_i) de cada uno de los valores de la X_i contenido en ese intervalo de clases. Está integrado por barras anchas y unidas entre sí lo que lo hace ideal para representar la distribución de una variable cuantitativa continua.

Para elaborar un *histograma* debemos seguir atentamente el siguiente procedimiento:

1. **Listar los datos originales**.

2. **Ordenar el conjunto de datos** de menor a mayor.

3. **Calcular el rango de datos (R)**.

$$R = Max - Min$$

4. **Determinar el número de intervalos (K)** a partir de la fórmula de *Sturges*:

$$K = 1 + 3{,}3 \times log(n)$$

Donde,
n = Tamaño muestral

5. **Calcular la amplitud (Δ)** de cada intervalo dividiendo R entre K.

$$\Delta = \frac{R}{K}$$

Donde,

R = Rango del intervalo

K = Número de intervalos

6. **Realizar un recuento** de las *frecuencias absolutas* (n_i) o *relativas* (f_i) de cada intervalo.

7. **Representar un plano definido por dos ejes cartesianos**: elaborar las columnas del histograma teniendo en cuenta que no exista separación entre ellas.

Veamos un ejemplo que le permitirá comprender con mayor claridad el proceso para representar un *histograma*.

Ejemplo 6. *Edad de los pacientes atendidos en la unidad de Salud mental.* Un grupo de psiquiatras desea representar la X_i = *Edad* de los $n = 30$ pacientes atendidos en la Unidad de Salud Mental de un hospital regional a través de un histograma.

A continuación, se presenta la lista de edades de los pacientes:

1. **Listar los datos originales:**

X_i = {52, 28, 32, 35, 36, 62, 39, 40,42, 40, 43, 45, 45, 45, 46, 38, 47, 48, 50, 51, 30, 53, 54, 55, 55, 25, 56, 57, 58, 60}

2. **Ordenar el conjunto de datos** de menor a mayor:

X_i= {25, 28, 30, 32, 35, 36, 38, 39, 40, 40, 42, 43, 45, 45, 45, 46, 47, 48, 50, 51, 52, 53, 54, 55, 55, 56, 57, 58, 60, 62}

3. **Calcular el rango de datos (R)** restando el máximo (Max) al mínimo (Min):

$$R = Max - Min = 62 - 25 = 37$$

4. **Determinar el número de intervalos (K)** a partir de la fórmula de *Sturges*:

$$K = 1 + 3{,}3 \times log(n) =$$
$$1 + 3{,}3 \times log(30) = 5{,}87 \approx 6$$

5. **Calcular la amplitud (Δ)** de cada intervalo dividiendo R entre K:

$$\Delta = \frac{R}{K} = \frac{37}{6} = 6{,}19$$

6. **Realizar un recuento** de las *frecuencias absolutas* (n_i) y *relativas* (f_i) de cada intervalo a partir de una tabla de frecuencias:

X_i [Edad]	n_i	$f_i = \dfrac{n_i}{N}$	N_i	$F_i = \dfrac{N_i}{N}$
[25;31,19)	3	$f_i = \dfrac{3}{30} = 0{,}1$	3	$F_i = \dfrac{3}{30} = 0{,}1$
[31,19;37,38)	3	$f_i = \dfrac{3}{30} = 0{,}1$	6	$F_i = \dfrac{6}{30} = 0{,}2$
[37,38;43,57)	6	$f_i = \dfrac{6}{30} = 0{,}2$	12	$F_i = \dfrac{12}{30} = 0{,}4$
[43,57;49,76)	6	$f_i = \dfrac{6}{30} = 0{,}2$	18	$F_i = \dfrac{18}{30} = 0{,}6$
[49,76;55,95)	7	$f_i = \dfrac{7}{30} = 0{,}23$	25	$F_i = \dfrac{25}{30} = 0{,}83$
[55,95;62,14]	5	$f_i = \dfrac{5}{30} = 0{,}16$	30	$F_i = \dfrac{30}{30} = 1{,}00$
Total	30	$1{,}00$		

7. **Representar un plano definido por dos ejes cartesianos** en el que en el eje horizontal se represente la X_i = *Edad de los pacientes* por medio de los intervalos de clase de la tabla anterior y en el eje vertical las *frecuencias absolutas* (n_i).

El siguiente *histograma* ilustra la distribución de los valores de la variable X_i = *Edad de los pacientes*. Se puede observar la disposición continua de las columnas y la uniformidad en el ancho de cada una, lo que indica que los intervalos tienen una amplitud constante.

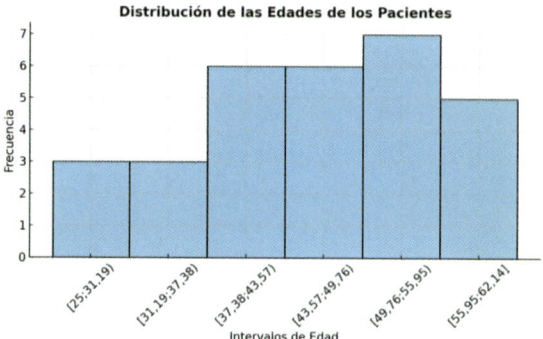

Figura 3. Histograma de X_i = *Edad de los pacientes* de la Unidad de Salud Mental.

Resumen

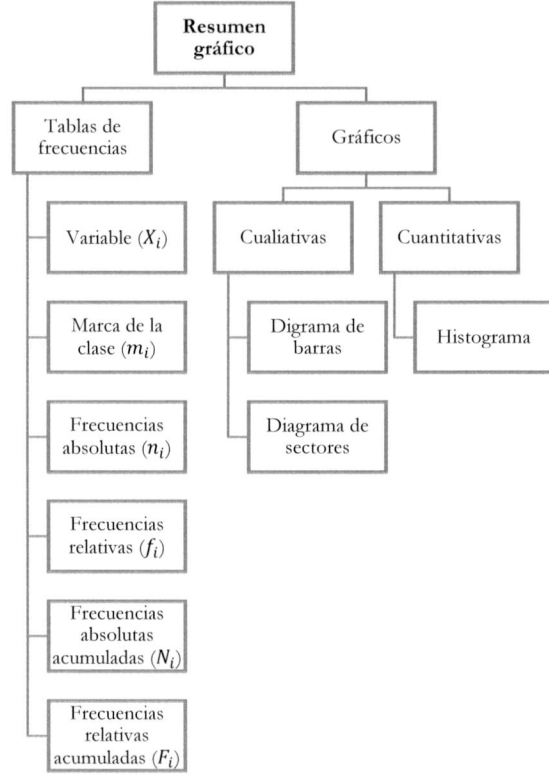

Esquema 2. *El resumen gráfico de los datos.* Las tablas de frecuencias incluyen variables, marcas de la clase, frecuencias absolutas, frecuencias relativas, frecuencias absolutas acumuladas y frecuencias relativas acumuladas. Los gráficos se pueden clasificar según la escala de medida utilizada: *diagrama de barras* y *diagrama de sectores* para variables cualitativas o cuantitativas discretas, e *histograma* para variables cuantitativas continuas.

CAPÍTULO 3.
El *resumen numérico* de los datos

La representación de datos a través de tablas de frecuencias o gráficos es tan solo el primer paso para comprender la forma en que se organizan los datos. Para entender mejor cómo se comportan los valores de una variable y facilitar las comparaciones entre distintas muestras, es necesario proseguir con un resumen de la información utilizando medidas numéricas fácilmente interpretables.

Una buena medida de resumen debe cumplir dos condiciones: en primer lugar, debe reflejar adecuadamente la distribución de cada uno de los valores de la variable y, en segundo lugar, debe preservar la mayor cantidad posible de información, de manera que a partir de ella podamos conocer cómo es la muestra de datos.

El proceso de resumen numérico comienza con el cálculo de medidas que describen la posición central de los datos, como la media ($\bar{X}$) y la mediana (Me), así como su dispersión en relación con esta posición central, mediante la varianza (S^2) y la desviación típica (S). También se suelen calcular medidas de posición como los cuartiles (Q) y los percentiles (p), que ayudan a identificar la concentración de los datos.

3.1. Medidas de tendencia central

3.1.1. Media aritmética ($\bar{X}$)

3.1.1.1. Datos no agrupados

Una de las formas más comunes de resumir el centro de la distribución es a través de la **media aritmética** $(\bar{X})$ o **promedio**. Esta medida de **centralización** o de **tendencia central** se obtiene sumando todos los valores observados de la variable (X_i) y dividiendo el resultado entre el número total de observaciones que componen la muestra (n).

Matemáticamente, la media aritmética se expresa de la siguiente manera:

$$\bar{X} = \frac{\Sigma X_i}{n}$$

Donde,

Σ = Sumatorio

X_i = Valor que toma la variable

n = Tamaño muestral

A modo de ejemplo le proponemos este caso:

Ejemplo 1. *Suministros de fármacos para pacientes obesos ingresados.* La planificación de la provisión de suministros farmacéuticos para los pacientes obesos ingresados en la unidad de cirugía bariátrica es un objetivo para los gestores de salud. Un gerente quiere conocer el gasto farmacéutico que ocasionan los $n = 10$ pacientes ingresados para lo cual calcula el promedio de medicamentos consumidos durante un mes de tratamiento.

A continuación, se expresan los valores no agrupados de la variable $X_i = N.º$ *de medicamentos consumidos durante un mes.*

$$X_i = \{95, 100, 97, 105, 103, 111, 121, 95, 99, 102\}$$

1. Listar los datos originales:

$X_i = \{95, 100, 97, 105, 103, 111, 121, 95, 99, 102\}$

2. Ordenar los datos de menor a mayor:

$X_i = \{95, 95, 97, 99, 100, 102, 103, 105, 111, 121\}$

3. Aplicar la fórmula para el cálculo de la Media aritmética $(\overline{X})$ para datos no agrupados:

$$\overline{X} = \frac{\Sigma X_i}{n} = \frac{95 + 95 + 97 + 99 + 100 + 102 + 103 + 105}{10}$$

$$= \frac{111 + 121}{10} = \frac{1028}{10} = 102{,}8$$

Solución: La media aritmética $(\overline{X})$ de la variable $X_i = N^o\ de$ *medicamentos consumidos durante un mes* es 102,8.

Como hemos visto en el ejemplo anterior, el cálculo de la media aritmética $(\overline{X})$ permite sintetizar la información de una distribución de datos, lo que la convierte en una de las medidas de tendencia central más utilizadas para resumir conjuntos numéricos.

La media aritmética, además de ser fundamental en *Estadística*, presenta características específicas que la hacen especialmente útil en el análisis de datos. A continuación, se detallan en la siguiente tabla algunas de las más importantes:

Características de la media aritmética ($\bar{X}$)
1. Usa todos los valores de la distribución en su cálculo, en las mismas unidades.
2. La media puede ser decimal lo que permite proporcionar una medida de resumen con una gran precisión.
3. Se sitúa entre el valor más alto y el más bajo del conjunto de datos.
4. Equilibra los datos dado que las diferencias se compensan entre los valores mayores y menores de la muestra.
5. Se encuentra en el centro de la distribución y se desplaza según la concentración de datos, siendo muy influenciable en función de donde se agrupen la mayoría de los valores o el lugar que ocupen los valores extremos.

Tabla 1. *Características de la media aritmética.* La media aritmética utiliza todos los valores de la distribución en su cálculo, representándolos con precisión en las mismas unidades. Puede ser un valor decimal y siempre se encuentra entre el valor más alto y el más bajo de los datos. Además, equilibra las diferencias entre los valores mayores y menores, situándose en el centro de la distribución, aunque puede verse influenciada bien, por el lugar en el que se concentren la mayoría de los datos, o por la existencia de valores muy diferentes a la mayoría.

3.1.1.2. Datos agrupados

A diferencia del apartado anterior, los datos de una variable cuantitativa pueden presentarse en algunas ocasiones agrupados en una tabla de frecuencias. En este caso, no es posible acceder al valor exacto de cada dato, ya que se encuentra dentro de un intervalo de clases. Si nos vemos en este contexto, el cálculo de la media ($\bar{X}$) nos obliga a considerar un procedimiento alternativo al que hemos seguido hasta ahora.

En este sentido, será necesario disponer de las *marcas de la clase* (m_i) que, como se explicó en el capítulo 2, se obtienen sumando el límite inferior (L_i) y el superior (L_s) de cada intervalo, y dividiendo el resultado entre 2.

$$m_i = \frac{L_i + L_s}{2}$$

Donde,

L_i = Límite inferior del intervalo

L_s = Límite superior del intervalo

Una vez realizado este cálculo para cada uno de los intervalos de clases, se puede obtener la media aritmética $(\bar{X})$ multiplicando cada *marca de la clase* (m_i) por su respectiva *frecuencia absoluta* (n_i) y sumando estos productos. Luego, se divide esta suma entre el tamaño muestral, es decir, el número total de observaciones de la distribución (n). La fórmula que define este nuevo cálculo es la siguiente:

$$\bar{X} = \frac{\Sigma\, m_i \times n_i}{n}$$

Donde,

Σ = Sumatorio

m_i = Marcas de la clase

n_i = Frecuencia absoluta

n = Tamaño muestral

Siguiendo con la idea anterior, veamos en el siguiente ejemplo cómo se calcula la media aritmética ($\bar{X}$) cuando los datos están agrupados en una tabla de frecuencias:

Ejemplo 2. *Complicaciones por sangrado en los pacientes ancianos tratados con anticoagulantes.* La anticoagulación es una terapia común en ciertos pacientes con riesgo cardiovascular.

Un grupo de investigadores desea conocer cuál es el promedio de complicaciones por sangrado de los $n = 30$ pacientes anticoagulados que residen en un centro de atención de ancianos. Para ello, deciden calcular la $\bar{X}$ para la $X_i = $ N° *de complicaciones por sangrado*:

X_i	n_i	$f_i = \dfrac{n_i}{N}$	N_i	$F_i = \dfrac{N_i}{N}$
[0;2]	10	$f_i = \dfrac{10}{30} = 0{,}33$	10	$F_i = \dfrac{10}{30} = 0{,}33$
[2;4]	4	$f_i = \dfrac{4}{30} = 0{,}13$	14	$F_i = \dfrac{14}{30} = 0{,}46$
[4;6]	2	$f_i = \dfrac{2}{30} = 0{,}06$	16	$F_i = \dfrac{16}{30} = 0{,}53$
[6;8]	8	$f_i = \dfrac{8}{30} = 0{,}26$	24	$F_i = \dfrac{24}{30} = 0{,}8$
[8;10]	6	$f_i = \dfrac{6}{30} = 0{,}22$	30	$F_i = \dfrac{30}{30} = 1{,}00$
Total	30	$1,00$		

1. **Calcular** las **marcas de la clase** (m_i) sumando los dos extremos del intervalo (L_i, L_s) y dividiendo entre dos.

X_i [N° de complicaciones por sangrado]	$m_i = \dfrac{L_i + L_s}{2}$
[0;2]	$\dfrac{0+2}{2} = 1$
[2;4]	$\dfrac{2+4}{2} = 3$
[4;6]	$\dfrac{4+6}{2} = 5$
[6;8]	$\dfrac{6+8}{2} = 7$
[8;10]	$\dfrac{8+10}{2} = 9$

2. **Multiplicar** cada una de las **marcas de la clase** (m_i) por su **frecuencia absoluta** (n_i) y sumar entre sí cada uno de los resultados.

X_i [N° de complicaciones por sangrado]	$m_i = \dfrac{L_i + L_s}{2}$	n_i	$\Sigma\,(m_i \times n_i)$
[0;2]	$\dfrac{0+2}{2} = 1$	10	$1 \times 10 = 10$

[2;4]	$\dfrac{2+4}{2} = 3$	4	$3 \times 4 = 12$
[4;6]	$\dfrac{4+6}{2} = 5$	2	$5 \times 2 = 10$
[6;8]	$\dfrac{6+8}{2} = 7$	8	$7 \times 8 = 56$
[8;10]	$\dfrac{8+10}{2} = 9$	6	$9 \times 6 = 54$
Total		**30**	**142**

3. **Aplicar** la fórmula para **la media aritmética ($\overline{X}$)** para **datos agrupados**:

$$\overline{X} = \frac{\Sigma\, m_i \times n_i}{N} = \frac{142}{30} = 4{,}7$$

Solución: La media aritmética ($\overline{X}$) de la variable $X_i = N^o\ de$ *complicaciones por sangrado* es **4,7**.

Como se ha mencionado antes, la media aritmética ($\overline{X}$) es, con diferencia, la medida más utilizada para identificar el centro de una distribución de datos. Sin embargo, tiene la desventaja de ser muy sensible a la existencia de valores extremos. La presencia de un valor atípico —es decir, un dato que se desvía considerablemente del resto— puede sesgarla, incrementándola o reduciéndola según la posición que ocupe dicho valor dentro del conjunto.

Esta característica tiene especial importancia en estudios con muestras de tamaño reducido, donde la presencia de uno o varios valores atípicos puede alterar el lugar en el que se encuentra la media.

Para ilustrar este concepto, consideremos el siguiente ejemplo: al calcular la media de las X_i = *calificaciones de los estudiantes universitarios*, los profesores de la asignatura se percatan de que un pequeño número de estudiantes han obtenido unas notas asombrosamente altas.

La presencia de estas calificaciones "*atípicas*" afectan significativamente a la media ($\bar{X}$), incrementándola hasta tal punto que puede hacer que no refleje exactamente el rendimiento medio que ha tenido el grupo de estudiantes en ese examen.

Ante esta situación, los docentes pueden optar por calcular la mediana (*Me*) como una alternativa más robusta ya que es menos susceptible a la influencia de valores extremos y proporciona, en estos casos, un resumen más fiable sobre dónde se encuentra el centro de los datos.

En el gráfico que se presenta a continuación sobre las calificaciones del grupo, puede observar cómo la mediana (*Me*) refleja de manera más precisa el rendimiento medio de los estudiantes en ese examen, ya que, a diferencia de la media, no se afecta por las distorsiones que ocasiona la presencia de calificaciones extremas.

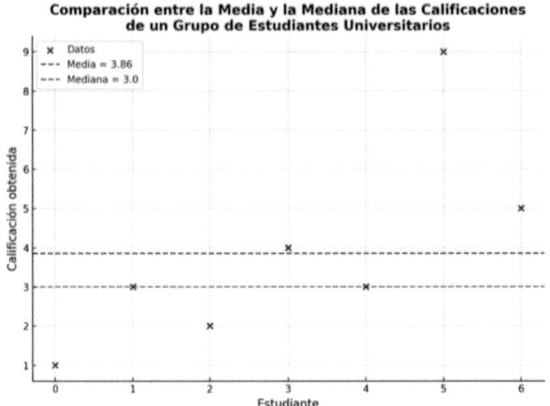

Figura 1. *Comparación entre la media y la mediana de las calificaciones de un grupo de estudiantes universitarios.* El gráfico ilustra la diferencia entre la media ($\bar{X}$) y la Mediana (Me) de un conjunto de datos desbalanceados. Los puntos azules representan las calificaciones individuales obtenidas por el grupo de universitarios. La línea roja discontinua muestra la media aritmética ($\bar{X}$), que es el valor promedio de todos los datos. La línea verde discontinua representa la mediana (Me), que es el valor central del conjunto de datos ordenados. En este ejemplo, la media aritmética ($\bar{X}$) es más alta que la mediana (Me) debido a la influencia del valor extremo 9.

3.1.2. Mediana (Me)

La **mediana (Me)** es el valor que ocupa la posición central en un conjunto de datos ordenados de menor a mayor. Esta medida divide la distribución en dos partes iguales de manera que el número de observaciones de la muestra a ambos lados de este valor es exactamente el mismo.

Las principales características de la mediana son las siguientes:

Características de la mediana (Me)
1. La mediana (Me), al igual que la media aritmética ($\bar{X}$), depende de las unidades de medida de la variable.
2. No se ve afectada por valores extremos ya que toma en consideración la posición que ocupan los datos ordenados y no sus magnitudes.
3. En distribuciones con forma simétrica, ésta coincide con la media aritmética ($\bar{X}$).

Tabla 2. *Características de la mediana.* La mediana, al igual que la media aritmética, depende de las unidades de medida de la variable, pero a diferencia de esta, no se ve afectada por valores extremos ya que se basa en la posición de los datos ordenados. En distribuciones simétricas, la mediana coincide con la media aritmética.

El procedimiento para el cálculo de la mediana (Me) se dividen en función de si los datos se presentan sin agrupar o agrupados en una tabla de frecuencias.

3.1.2.1. Datos no agrupados

Cuando los datos no están agrupados y el número de observaciones de la variable es *impar*, la mediana (Me) es simplemente el valor central en el conjunto ordenado de menor a mayor. Veámoslo en el siguiente ejemplo:

Ejemplo 3. *Consumo de opioides en la Unidad del dolor.* En la Unidad del Dolor de un hospital público desean conocer la cantidad de opioides que consumen los pacientes atendidos en el servicio. El especialista responsable del registro ha contabilizado el número de opiáceos consumidos por los $n = 10$ pacientes atendidos en la última semana.

Para determinar cuál es el $X_i = N^o$ *de opioides consumidos por los pacientes* que han tomado durante los últimos 7 días decide calcular la mediana (**Me**):

1. **Listar los datos originales:**

$$X_i = \{7, 2, 5, 8, 1, 3, 7, 5, 4\}$$

2. **Ordenar los datos de menor a mayor:**

$$X_i = \{1, 2, 3, 4, 5, 5, 7, 7, 8\}$$

3. **Seleccionar el valor de la distribución** que deja tanto a la izquierda como a la derecha el mismo número de posiciones. Como puede observar, el valor 5 deja cuatro posiciones tanto a su izquierda como a su derecha, de modo que:

$$X_i = \{1, 2, 3, 4, \underline{\mathbf{5}}, 5, 7, 7, 8\}$$

Solución: La mediana (**Me**) de la variable $X_i = N^o$ *de opioides consumidos por los pacientes* es **5**.

Por otro lado, si el número de observaciones es *par*, la mediana (**Me**) se obtiene calculando el promedio de los dos valores centrales del conjunto ordenado, procedimiento que conocemos como **interpolación**.

Pongamos por caso la situación siguiente:

Ejemplo 4. *Lesiones en un equipo de baloncesto.* Las lesiones musculoesqueléticas suelen ocasionar una merma en el rendimiento del deportista. Se ha detectado que la incidencia de lesiones en los jugadores del equipo de baloncesto de la ciudad se incrementó significativamente en la última temporada.

El número de jugadores afectados por lesiones ha sido de $n = 6$. Con el propósito de hacerse una idea de cual es $X_i = $ *Número de lesiones por jugador*, el analista de datos decide calcular la mediana (Me).

Para ello ha seguido el siguiente procedimiento:

1. **Listar los datos originales**:

$$X_i = \{4, 6, 2, 9, 1, 5\}$$

2. **Ordenar los datos de menor a mayor**:

$$X_i = \{1, 2, 4, 5, 6, 9\}$$

3. **Seleccionar** el valor de la distribución que deja tanto a la izquierda como a la derecha el mismo número de posiciones. Como hay dos valores centrales se debe realizar una *interpolación*, es decir, tomar los dos valores centrales de la distribución (*en este caso 4 y 5*), sumarlos y calcular su promedio:

$$X_i = \{1, 2, \underline{4}, \underline{5}, 6, 9\}$$

De modo que,

$$Me = \frac{4+5}{2} = 4{,}5$$

Solución: La mediana (Me) de la variable X_i = *Número de lesiones por jugador* del equipo de baloncesto es 4,5.

3.1.2.2. Datos agrupados

Como ya hemos visto, resulta fácil y rápido calcular la mediana (Me) cuando los datos no están agrupados. Sin embargo, la situación cambia cuando los datos se presentan en forma de intervalos de clase en una tabla de frecuencias.

En este caso, no podemos simplemente identificar el intervalo que ocupa la posición central o contiene la mitad de las observaciones, ya que de ese modo asumiríamos que estas se distribuyen uniformemente dentro del intervalo, algo que no podemos confirmar con certeza.

Si se encuentra ante un caso como éste en el que le requieren que calcule la mediana (Me) a partir de datos agrupados lo mejor será que acuda directamente a la fórmula que a continuación le presentamos:

$$Me = L_i + \left(\frac{\frac{K \times n}{2} - N_{i-1}}{n_i} \right) \times a_i$$

Donde,

L_i = Límite inferior de la clase mediana

K = Orden del cuartil K = 1, 2, 3

n = Tamaño de la muestra

N_{i-1} = Frecuencia absoluta acumulada de la clase anterior al intervalo mediano

n_i = Frecuencia absoluta de la clase mediana

a_i = Amplitud del intervalo

Apliquemos la fórmula a un ejemplo:

Ejemplo 5. *Presión arterial en una comunidad rural.* La presión sanguínea máxima, que se alcanza cuando el corazón se encuentra en la fase de sístole es un indicador fehaciente del riesgo de resultados adversos con compromiso cardiaco, cerebral y renal.

A continuación, se presentan las mediciones de la presión sistólica de n = 15 individuos que formaron parte de un estudio sobre la prevalencia de hipertensión arterial sistólica en una comunidad rural.

X_i	m_i	n_i	f_i	N_i	F_i
[110;126)	118	6	$f_i = \dfrac{6}{15} = 0,40$	6	$F_i = \dfrac{6}{15} = 0,40$
[126;142)	134	4	$f_i = \dfrac{4}{15} = 0,27$	10	$F_i = \dfrac{10}{15} = 0,67$

[142;158)	150	3	$f_i = \dfrac{2}{15} = 0,20$	13	$F_i = \dfrac{13}{15} = 0,87$
[158;174]	166	2	$f_i = \dfrac{8}{15} = 0,13$	15	$F_i = \dfrac{15}{15} = 1,00$
Total		**15**	**1,00**		

El procedimiento para calcular la mediana (*Me*) de la variable X_i = *Presión arterial (mmHg) de pacientes en una comunidad rural* es el que sigue:

1. **Identificar el intervalo mediano**: se debe localizar el intervalo en el que se acumula el 50% de las observaciones. Para conocerlo se debe realizar este sencillo cálculo:

$$\frac{K \times n}{2} = \frac{1 \times 15}{2} = 7,5$$

Donde,

$K = 1$ (puesto que deseamos hallar el valor que ocupa la posición central, o lo que es lo mismo, la *mitad de la distribución*, en realidad, lo que estamos buscando es el número que deja ½ de la distribución a su izquierda y a su derecha)

$n = 15$ (es el *tamaño muestral*)

Una vez identificada la posición que ocupa la mediana (*Me*), es necesario utilizar esta coordenada para determinar su valor correspondiente. Para ello, se debe consultar la columna de las *frecuencias absolutas acumuladas* (N_i) y localizar el intervalo que contiene dicha posición. En este ejemplo, dado que la posición 7,5 se sitúa por encima de $N_i = 6$ pero por debajo de $N_i = 10$, el intervalo mediano es [126-142).

2. **Calcular la mediana (*Me*):** se obtiene a partir de su fórmula teniendo como punto de referencia el valor correspondiente al intervalo mediano [126-142) que acabamos de calcular.

$$Me = L_i + \left(\frac{\dfrac{K \times n}{2} - N_{i-1}}{n_i} \right) \times a_i$$

Donde,

$L_i = 126$ (es el límite inferior del intervalo mediano que calculamos en el apartado anterior [126-142)

$\dfrac{K \times n}{2} = 7,5$ (representa la *posición que ocupa la mediana* (*Me*) cuyo valor se determinó en el apartado anterior)

$N_{i-1} = 6$ (es la *frecuencia absoluta acumulada* del intervalo anterior al que contiene la mediana)

$n_i = 4$ (es la *frecuencia absoluta* del intervalo que contiene la mediana)

$a_i = 16$ (es la *amplitud* del intervalo que contiene la mediana)

$$Me = 126 + \left(\frac{7,5 - 6}{4}\right) \times 16 = 132$$

Solución: La mediana (Me) de la variable X_i = *Presión arterial (mmHg) de pacientes en una comunidad rural es* 132 mmHg.

3.2. Medidas de dispersión

En un conjunto de datos, la presencia de valores extremos, ya sean muy grandes o muy pequeños, puede influir significativamente en las medidas utilizadas para describir el centro de la distribución. Por ejemplo, es posible que dos conjuntos de datos compartan la misma media aritmética ($\bar{X}$) o incluso la misma mediana (Me), sin embargo, si uno de ellos contiene valores extremos, su distribución será diferente de la del otro conjunto, cuyos valores probablemente serán más uniformes.

Esto demuestra que, aunque la media aritmética ($\bar{X}$) y la mediana (Me) son útiles para resumir numéricamente el centro de un conjunto de datos, no son suficientes por sí mismos para conocer cómo están distribuidos esos valores.

Por esta razón, lo que realmente necesitamos es un indicador que muestre además cómo se organizan los datos alrededor del centro de la distribución. A este conjunto de indicadores se les conoce como **medidas de dispersión o variabilidad**, y a ellas dedicaremos las próximas páginas.

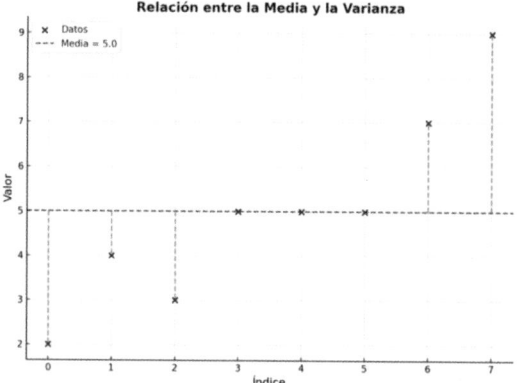

Figura 2. *Relación entre la media y la varianza.* Los puntos azules representan los valores de los datos, mientras que la línea roja discontinua marca la media de estos valores. Las líneas verdes punteadas que conectan cada punto de datos con la media muestran la distancia entre cada valor y el centro de la distribución. Esta variabilidad con respecto a la media muestral es lo que se mide con la varianza (S^2), y, por parentesco, con la desviación típica (S).

Dentro de las medidas de dispersión más utilizadas encontramos la varianza (S^2) y la desviación típica (S).

Veamos, a continuación, cada una de ellas con detalle.

3.2.1. Varianza (S²)

La **varianza** (S^2) mide la variabilidad de un conjunto de datos con relación a su media aritmética. En otras palabras, indica cuánto de dispersos o concentrados están los valores de una variable alrededor del centro de la distribución.

El cálculo se realiza en varios pasos: primero, se halla la diferencia entre cada valor de la variable (X_i) y la media aritmética ($\bar{X}$); luego, estas diferencias se elevan al cuadrado para garantizar que los resultados sean siempre positivos o iguales a cero. Finalmente, la suma de estos cuadrados se divide entre el tamaño de la muestra menos 1.

La fórmula con la que calcularla se define así:

$$S^2 = \frac{\Sigma(X_i - \bar{X})^2}{n-1}$$

Donde,
X_i = Valor que toma la variable
$\bar{X}$ = Media de la muestra
n = Tamaño de la muestra

A continuación, resumimos en la siguiente tabla las características más destacadas de la varianza (S^2):

Características de la varianza (S^2)
1. El valor que toma la varianza (S^2) debe ser siempre positivo y por tanto la existencia de una varianza negativa es un error de cálculo.
2. La unidad que toma tiene las mismas unidades que la variable, pero al cuadrado.
3. Es muy sensible al cambio de unidades.

Tabla 3. *Características de la varianza.* La varianza siempre debe ser positiva o 0 por lo que una varianza negativa indicaría un error de cálculo. Además, tiene las mismas unidades que la variable, pero elevadas al cuadrado, y es sensible al cambio de unidades.

Veámoslo con un caso real:

Ejemplo 6. *Intensidad de dolor de hombro de los pacientes que atiende el Traumatólogo.* En la consulta de un traumatólogo se atienden cada semana diferentes enfermedades las cuales se manifiestan con dolor en el hombro. Este profesional desea conocer la variabilidad de la X_i = *Intensidad de dolor de hombro* de los pacientes que acuden a su clínica y decide calcular la varianza (S^2) correspondientes a la última semana:

1. **Listar los datos originales:**

   $$X_i = \{4.3, 3.4, 5.5, 6.7, 5.2, 6.5, 6.7, 7.1, 4.9, 5.2\}$$

2. **Ordenar los datos de menor a mayor:**

   $$X_i = \{3.4, 4.3, 4.9, 5.2, 5.2, 5.5, 6.5, 6.7, 6.7, 7.1\}$$

3. **Calcular la media aritmética $(\bar{X})$:**

   $$\bar{X} = \frac{\Sigma X_i}{N} = \frac{3,4 + 4,3 + 4,9 + 5,2 + 5,2 + 5,5 + 6,5}{10}$$

   $$= \frac{+ 6,7 + 6,7 + 7,1}{10} = 5,5$$

4. **Restar la media aritmética $(\bar{X})$ a cada puntaje individual** colocando los valores que resulten de ese cálculo en una columna titulada *Diferencia de medias* $(\bar{d})$.

X_i	$\overline{X}$	$\bar{d} = X_i - \overline{X}$	$\bar{d} = X_i - \overline{X}$
3,4	5,5	3,4−5,5	−2,1
4,3	5,5	4,3−5,5	−1,2
4,9	5,5	4,9−5,5	−0,6
5,2	5,5	5,2−5,5	−0,3
5,2	5,5	5.2−5,5	−0,3
5,5	5,5	5,5−5,5	0
6,5	5,5	6,5−5,5	1
6,7	5,5	6,7−5,5	1,2
6,7	5,5	6,7−5,5	1,2
7,1	5,5	7,1−5,5	1,6

5. **Elevar cada uno de los valores resultantes al cuadrado** $(X_i - \overline{X})^2$ lo que implica convertir en positivos todos aquellos valores donde la diferencia respecto a la media $(\bar{d})$ haya sido negativa.

$X_i - \overline{X}$	$\Sigma(X_i - \overline{X})^2$
$(-2,1)^2$	4,41
$(-1.2)^2$	1,44

$(-0,6)^2$	0,36
$(-0,3)^2$	0,09
$(-0,3)^2$	0,09
$(0)^2$	0
$(1)^2$	1
$(1,2)^2$	1,44
$(1,2)^2$	1,44
$(1,6)^2$	2,56
Total	**12,83**

6. **Sumar los resultados y dividir entre $n - 1$**: donde n es el número total de observaciones. La expresión $n - 1$ que aparece en el denominador de la fórmula se refiere a los grados de libertad (df) y se utiliza para corregir el sesgo en la estimación de la varianza muestral (S^2) cuando se trabaja, como es este caso, con una muestra en lugar de la población completa.

Por lo tanto, el valor resultante de la varianza (S^2) es:

$$S^2 = \frac{12,83}{10 - 1} = \frac{12,83}{9} = 1,42$$

Solución: La varianza (S^2) de la variable $X_i =$ *Intensidad de dolor de hombro* es 1,42.

3.2.2. Desviación típica (*S*)

Una de las principales desventajas de la varianza (S^2) es que se expresa en unidades al cuadrado lo que puede complicar su interpretación. Para hacerla más comprensible, se suele usar la **desviación típica (*S*)**, que se obtiene al aplicar la raíz cuadrada al valor de la varianza (S^2). Gracias a su simplicidad, esta medida se ha consolidado como la más utilizada en la investigación clínica para resumir la dispersión de los datos.

Su fórmula es la siguiente:

$$S = \sqrt{\frac{\Sigma(X_i - \bar{X})^2}{n-1}}$$

A continuación, veamos cómo calcular la desviación típica (S) a partir de la varianza (S^2) continuando con el ejemplo anterior:

Ejemplo 7. *Intensidad de dolor de hombro* de los pacientes que atiende el Traumatólogo. Partiendo del resultado obtenido en el ejercicio anterior en el que la varianza (S^2) de la variable $X_i =$ *Intensidad de dolor de hombro* era 1,42, la desviación típica para este conjunto de $n = 10$ pacientes será:

$$S = \sqrt{1,42} = 1,19$$

Solución: La desviación típica (S) de la variable $X_i =$ *Intensidad de dolor de hombro* es de **1,19**.

3.3. Medidas de posición

Una vez conocido el centro de la distribución y cómo orbitan las observaciones a su alrededor, se desea determinar qué porcentaje de los valores queda a la izquierda de una observación específica en un conjunto ordenado de datos.

Lo que buscamos son **medidas de posición** que nos sirvan como coordenadas, informándonos sobre la ubicación de un dato concreto dentro de la distribución. Entre las medidas de posición más comunes se encuentran los cuartiles (Q), deciles (D) y percentiles (p).

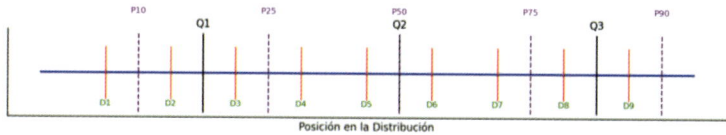

Figura 3. Relación entre *cuartiles*, *deciles* y *percentiles*. El gráfico muestra la relación entre cuartiles, deciles y percentiles en un conjunto de datos ordenados. Los cuartiles (Q_1, Q_2, Q_3), representados por líneas negras, dividen los datos en cuatro partes iguales, indicando los puntos del 25%, 50% y 75%. Los deciles $(D_1 - D_9)$, marcados por líneas rojas continuas, dividen los datos en diez partes iguales, cada una representando un 10% del conjunto de datos. Por último, los percentiles $(p_1 - p_{99})$, señalados por líneas violetas discontinuas, dividen los datos en cien partes iguales, permitiendo una segmentación aún más detallada de la distribución.

3.3.1. Cuartiles

Los **cuartiles (Q)** son valores que dividen un conjunto de datos en cuatro partes iguales, cada una conteniendo el 25% de los datos. El **primer cuartil (Q_1)**, marca el valor por debajo del cual se encuentra el 25% de los valores de la muestra cuando están ordenados de menor a mayor. El **segundo cuartil (Q_2)** o lo que es lo mismo la **mediana (Me)** representa el 50% de los datos, lo que supone el punto que divide a la distribución en dos mitades.

Por su parte, el **tercer cuartil (Q_3)** corresponde al valor hasta el que se acumula el 75% de los datos mientras que el **cuarto cuartil (Q_4)** engloba el 100% de los valores que componen la muestra. A continuación, exploraremos cómo calcular los cuartiles en distintos tipos de datos.

3.3.1.1. Datos no agrupados

Para datos no agrupados, los cuartiles (Q) se obtienen de la siguiente manera:

1. **Primer cuartil (Q_1):**

$$Q_1 = \left(\frac{p \times (n + 1)}{100} \right)$$

Donde,
Q_1 = Primer cuartil

p = Percentil deseado (en este caso, 25%)

n = Tamaño de la muestra

2. Segundo cuartil (Q_2):

$$Q_2 = \left(\frac{p \times (n+1)}{100} \right)$$

Donde,

Q_2 = Segundo cuartil

p = Percentil deseado (en este caso, 50%)

n = Tamaño de la muestra.

3. Tercer cuartil (Q_3):

$$Q_3 = \left(\frac{p \times (n+1)}{100} \right)$$

Donde,

Q_3 = Tercer cuartil

p = Percentil deseado (en este caso, 75%)

n = Tamaño de la muestra

Pongamos un ejemplo para entendernos mejor:

Ejemplo 8. *La edad a la que se sufre una parálisis del nervio facial.* Un grupo de neurólogos desea conocer a qué $X_i = Edad$ sufren parálisis del nervio facial los pacientes de un área urbana. Para ello disponen de un registro de edades (en *años*) de $n = 10$ personas que han padecido esta enfermedad y deciden calcular el primer (Q_1), segundo (Q_2), y tercer cuartil (Q_3):

3.3.1.1.1. Primer cuartil (Q_1)

1. **Listar los datos originales:**

   $X_i = \{30, 45, 25, 22, 50, 28, 35, 40, 42, 48\}$

2. **Ordenar los valores de forma ascendente:**

   $X_i = \{22, 25, 28, 30, 35, 40, 42, 45, 48, 50\}$

3. **Determinar el primer cuartil (Q_1):**
   a. Calcular el índice correspondiente al 25% de los datos:

   $$Q_1 = \left(\frac{p \times (n+1)}{100} \right)$$

   b. Redondear el resultado que se ha obtenido:

   $$Q_1 = \frac{25 \times (10+1)}{100} = 2{,}75 \approx 3$$

   c. Basándonos en el resultado anterior, ubicar el valor que corresponde a la posición número 3.

$$X_i = \{22, 25, \textbf{28}, 30, 35, 40, 42, 45, 48, 50\}$$

Solución: El primer cuartil de la variable $X_i = Edad$ es $Q_1 = 28$ años.

3.3.1.1.2. Segundo cuartil (Q_2)

4. **Determinar el segundo cuartil (Q_2):**

   a. Calcular el índice correspondiente al 50% de los datos:

$$Q_2 = \left(\frac{p \times (n+1)}{100} \right)$$

   b. Redondear el resultado calculado:

$$Q_2 = \frac{50 \times (10+1)}{100} = 5{,}5 \approx 6$$

   c. Si consideramos el resultado anterior, situar el valor en la lista ordenada que corresponde a la posición 6.

$$X_i = \{22,25,28,30,35,\underline{\textbf{40}},42,45,48,50\}$$

Solución: El segundo cuartil de la variable $X_i = Edad$ es $Q_2 = 40$ años.

3.3.1.1.3. Tercer cuartil (Q_3)

5. **Determinar el tercer cuartil (Q_3):**

    a. Calcular el índice correspondiente al 75% de los datos:

$$Q_3 = \left(\frac{p \times (n+1)}{100} \right)$$

    b. Redondear el valor resultante:

$$Q_3 = \frac{75 \times (10+1)}{100} = 8,25 \approx 8$$

    c. Con arreglo al resultado del paso anterior, localizar el valor en la lista ordenada que corresponde a la posición 8.

$$X_i = \{22,25,28,30,35,40,42,\underline{\mathbf{45}},48,50\}$$

Solución: El tercer cuartil de la variable $X_i = Edad$ es $Q_3 = $ 45 años.

3.3.1.2. Datos agrupados

Calcular los *cuartiles* (Q) es realmente fácil cuando tenemos acceso a los valores originales de la variable sin agrupar. Sin embargo, en algunos casos, es necesario calcular los cuartiles a partir de una tabla de frecuencias donde los datos están agrupados en intervalos de clase.

A continuación, se presenta un ejemplo práctico que ilustra el proceso de cálculo de los *cuartiles* (*Q*) para datos agrupados:

Ejemplo 9. *Prevalencia de la hipertensión arterial.* En una comunidad rural se recogieron los valores de $X_i =$ *Presión arterial sistólica* (en *mmHg*) de $n = 15$ individuos como parte de un estudio sobre la prevalencia de hipertensión arterial.

Después de recoger los datos, los investigadores deciden describir la muestra a través de las medidas de posición, eligiendo para ello, el primer (Q_1) y el tercer cuartil (Q_3).

La información de la que se parte es la que se reúne en la siguiente tabla de frecuencias:

X_i	m_i	n_i	f_i	N_i	F_i
[110;126)	118	6	$f_i = \dfrac{6}{15} = 0{,}40$	6	$F_i = \dfrac{6}{15} = 0{,}40$
[126;142)	134	4	$f_i = \dfrac{4}{15} = 0{,}27$	10	$F_i = \dfrac{10}{15} = 0{,}67$
[142;158)	150	3	$f_i = \dfrac{2}{15} = 0{,}20$	13	$F_i = \dfrac{13}{15} = 0{,}87$

[158;174)	166	2	$f_i = \dfrac{8}{15} = 0{,}13$	15	$F_i = \dfrac{15}{15} = 1{,}00$
Total		15	$1,00$		

3.3.1.2.1. Primer cuartil (Q_1)

1. **Identificar el intervalo en el que se encuentra el primer cuartil (Q_1):** a diferencia del cálculo de la mediana (Me) donde se dividía por 1/2, en este caso el denominador es 1/4, lo que indica que la posición que estamos buscando correspondería al primer cuartil.

   Esta se determina aplicando la misma fórmula que ya hemos utilizado en los apartados anteriores:

$$\frac{K \times n}{4} = \frac{1 \times 15}{4} = 3{,}75$$

Donde,

$K = 1$

$n = 15$

A continuación, se debe identificar en la columna N_i el intervalo de clase que contiene dicho valor. Si nos fijamos bien, en este ejemplo, el valor **3,75** se encuentra en el intervalo asociado a la *frecuencia acumulada* $N_i = 6$ por lo que el intervalo que contiene el primer cuartil será [110; 126).

2. **Calcular el primer cuartil (Q_1)** a partir de la siguiente fórmula, teniendo como referencia el intervalo $[110; 126)$ que calculamos en el apartado anterior.

$$Q_1 = L_i + \left(\frac{\frac{K \times n}{4} - N_{i-1}}{n_i} \right) \times a_i$$

Donde,

$L_i = 110$

$\frac{1 \times n}{4} = 3,75$

$N_{i-1} = 0$ (al no existir valores acumulados anteriormente se debe considerar $N_{i-1} = 0$)

$n_i = 6$

$a_i = 16$

$$Q_1 = 110 + \left(\frac{3,75 - 0}{6} \right) \times 16 = 120$$

Solución: El primer cuartil (Q_1) de la variable $X_i =$ *Presión arterial sistólica* es $Q_1 = 120$ mmHg.

3.3.1.2.2. Tercer cuartil (Q_3)

1. **Identificar el intervalo en el que se encuentra el tercer cuartil (Q_3):** en este caso, se utilizará 3/4, lo

que significa que la posición que deseamos encontrar es la que corresponde al tercer cuartil. Para calcularlo, debemos emplear la siguiente fórmula:

$$\frac{K \times n}{4} = \frac{3 \times 15}{4} = 11{,}25$$

Donde,
$K = 3$
$n = 15$

Al igual que el apartado anterior se debe localizar en la columna N_i el intervalo que contiene este valor. En este caso, el valor $11{,}25$ estará contenido en la frecuencia acumulada $N_i = 13$ que corresponde al intervalo $[142; 158)$.

2. **Calcular el tercer cuartil (Q_3):** a partir de la fórmula teniendo como punto de referencia los valores correspondientes al intervalo mediano $[142; 158)$.

$$Q_3 = L_i + \left(\frac{\frac{3 \times n}{4} - N_{i-1}}{n_i} \right) \times a_i$$

Donde,
$L_i = 142$
$\frac{3 \times n}{4} = 11{,}25$
$N_{i-1} = 10$
$n_i = 3$

126

$$a_i = 16$$

$$Q_3 = 142 + \left(\frac{11{,}25 - 10}{3}\right) \times 16 = 148{,}6$$

Solución: El tercer cuartil (Q_3) de la variable $X_i =$ *Presión arterial sistólica* es $Q_3 = 148{,}6$ mmHg.

3.3.2. Percentiles

En el apartado anterior, aprendimos a calcular los cuartiles (Q) que, recordemos, son los valores que dividen la distribución en cuatro partes iguales. Ahora, lo que nos interesa es usar los valores que dividen la distribución, no en 4, sino en 100 partes iguales. A estas medidas se les llama **percentiles** (p).

3.3.2.1. Datos no agrupados

Cuando los datos no están agrupados en una tabla de frecuencias los percentiles (p) se calculan de la siguiente forma:

Ejemplo 10. *Calificaciones de los estudiantes de Enfermería.* Las siguientes calificaciones corresponden a los resultados obtenidos por los estudiantes de Enfermería en la asignatura de Patología. Los profesores desean conocer cómo ha sido el rendimiento de los estudiantes este curso y deciden calcular el p_{30} y el p_{70} para la $X_i =$ *calificaciones obtenidas*.

1. **Listar los valores** de la variable:

$$X_i = \{8.0, 8.5, 7.0, 9.0, 9.2, 6.5, 7.8, 8.8, 9.5, 8.2\}$$

2. **Ordenar los puntajes de menor a mayor:**

$$X_i = \{6.5, 7.0, 7.8, 8.0, 8.2, 8.5, 8.8, 9.0, 9.2, 9.5\}$$

3.3.2.1. Percentil 30 (p_{30})

a. Calcular el índice correspondiente al 30% de los datos:

$$p_{30} = \left(\frac{p \times (n + 1)}{100}\right)$$

b. Redondear el valor resultante:

$$p_{30} = \frac{30 \times (10 + 1)}{100} = 3{,}3 \approx 3$$

c. De acuerdo con este cálculo, localizar el p_{30} que se encontraría en la posición 3:

$$X_i = \{6.5, 7.0, \underline{\textbf{7.8}}, 8.0, 8.2, 8.5, 8.8, 9.0, 9.2, 9.5\}$$

Solución: El percentil 30 de la variable X_i = *calificaciones obtenidas* por los estudiantes es $p_{30} = 7{,}8$.

3.3.2.2. Percentil 70 (p_{70})

a. Calcular el índice correspondiente al 70% de los datos:

$$p_{70} = \left(\frac{p \times (n + 1)}{100} \right)$$

b. Redondear el valor obtenido:

$$p_{70} = \frac{70 \times (10 + 1)}{100} = 7{,}7 \approx 8$$

d. Basándonos en el resultado anterior, localizar el valor que corresponde a la posición número 8 en la lista ordenada:

$X_i = \{6.5,\ 7.0,\ 7.8,\ 8.0,\ 8.2,\ 8.5,\ 8.8,\ \underline{\mathbf{9.0}},\ 9.2,\ 9.5\}$

Solución: El percentil 70 de la variable $X_i = $ *calificaciones obtenidas por los estudiantes* es $p_{70} = 9{,}0$.

3.3.3. Gráfico de cajas y bigotes

A partir de las medidas de posición, podemos crear un gráfico muy útil para observar de forma panorámica cómo se distribuyen los datos a lo largo de toda la distribución. Este gráfico de **cajas y bigotes** o *box plot*, desarrollado en 1970 por el estadístico estadounidense John W. Tukey (1915-2000), nos permite observar cómo se dispersan o concentran los datos de una muestra, identificar si la distribución es simétrica o no y detectar si hay valores tan extraños que se salen de la norma.

En el *box plot*, la mediana (**Me o Q_2**) se representa con una línea dentro de la caja, mientras que la media aritmética ($\bar{X}$) se indica con un recuadro negro. El primer cuartil (Q_1) se sitúa en el borde izquierdo y supone la tapa inferior de la caja, mientras que el tercer cuartil (Q_3) se encuentra en el límite derecho de la caja y representa su tapa superior.

Desde la caja, se extienden los *bigotes* (o *whiskers*), que se proyectan desde los extremos de la misma hasta las vallas (o *fences*), delimitando el espacio de los valores considerados *normales*. Más allá de estas vallas, se encuentra la región de datos *atípicos*, donde se localizan los valores *anómalos*, es decir, aquellos que se desvían significativamente del centro de la distribución.

En la siguiente figura, se muestran los cinco valores que será necesario calcular para construir este diagrama.

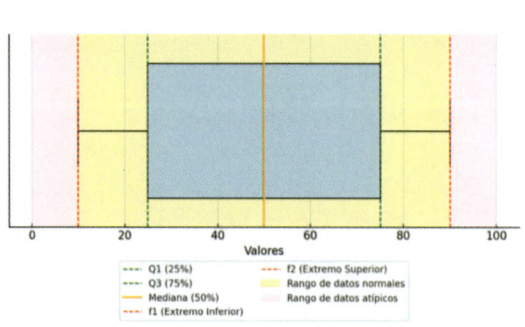

Figura 4. Valores fundamentales para la construcción de un *Box plot*. La caja, en azul, está definida por los cuartiles (Q_1,Q_3) y atravesada por el valor de la mediana

(Q_2) mientras que los bigotes se prolongan, hacia la izquierda y derecha, desde las tapas de la caja hasta las vallas (f_1, f_2). Como puede observar, la región amarilla delimita la región de *normalidad* de los datos mientras que la rosa representa la región para datos *anómalos*.

A continuación, se presentan los cálculos preliminares necesarios para obtener los valores que permitirán construir el *diagrama de caja y bigotes*, seguido de su correspondiente representación gráfica.

3.3.3.1. Cálculos preliminares

Construcción de la caja

La **caja** se elabora, como ha podido ver en el gráfico anterior, a partir de tres medidas que hemos de obtener antes de iniciar su construcción. Estas medidas son: la mediana (Me), el primer cuartil (Q_1) y el tercer cuartil (Q_3). A continuación, se detalla el proceso para el cálculo de estos tres valores:

1. **Calcular la mediana** (Me) o segundo cuartil (Q_2) a través de la siguiente fórmula:

$$Q_2 = L_i + \left(\frac{\frac{1 \times n}{2} - N_{i-1}}{n_i} \right) \times a_i$$

2. **Calcular el primer cuartil** (Q_1) y el **tercer cuartil** (Q_3) a través de las fórmulas que siguen:

131

$$Q_1 = L_i + \left(\frac{\frac{1 \times n}{4} - N_{i-1}}{n_i} \right) \times a_i$$

$$Q_3 = L_i + \left(\frac{\frac{3 \times n}{4} - N_{i-1}}{n_i} \right) \times a_i$$

Construcción de los bigotes

Después de calcular los valores para la *caja*, se determinan los **bigotes**. Sus límites se establecen mediante el cálculo de dos puntos conocidos como *vallas* o "*fences*", que delimitan la extensión de la región considerada como *Normal*. Existe una *valla inferior* (f_1) y una *valla superior* (f_2), que se calculan siguiendo el procedimiento que detallamos a continuación:

3. **Calcular el rango intercuartílico (RIC)** restando al tercer cuartil (Q_3) el primer cuartil (Q_1):

$$RIC = Q_3 - Q_1$$

4. **Sumar al tercer cuartil (Q_3) el RIC multiplicado por 1,5** para definir la valla superior (f_2) que marca la frontera entre los valores

normales (*por debajo de ese valor*) y los atípicos (*por encima*):

$$f_2 = Q_3 + (1{,}5 \times RIC)$$

5. **Restar al primer cuartil (Q_1) el RIC multiplicada por 1,5** para determinar la valla inferior (f_1). El valor resultante separa los datos normales (*por encima de ese valor*) de los atípicos (*por debajo*):

$$f_1 = Q_1 - (1{,}5 \times RIC)$$

3.3.3.2. Representación gráfica

Una vez que hayamos realizado estos cálculos, contaremos con todos los valores necesarios para poder elaborar un diagrama de cajas y bigotes. A continuación, se exponen los pasos que debemos seguir para llevar a cabo esta representación gráfica:

1. **Dibujar una línea en el eje horizontal:** comenzando desde la izquierda y avanzando hacia la derecha, añadir, líneas verticales perpendiculares al eje y etiquetarlas como: *mínimo* (Min), *primer cuartil* (Q_1), *mediana* (Q_2), *tercer cuartil* (Q_3), y *máximo* (Max).

Representación de la caja

2. **Cerrar el rectángulo de la caja con líneas horizontales que unan Q_1 y Q_3:** su amplitud representa el *rango intercuartílico* (RIC) que, recordemos, es la diferencia que se obtiene de la resta del *tercer* (Q_3) menos el *primer cuartil* (Q_1).

3. **Dibujar una línea perpendicular dentro del rectángulo para representar la mediana (Q_2).** A propósito, debe saber que la línea no siempre corresponde al centro de la caja, pues su posición depende de cómo se organicen los valores de la distribución.

Representación de los bigotes

4. **Dibujar una línea** que se extienda desde el lado izquierdo del rectángulo (Q_1) hasta el valor que ocupe la f_1.

5. **Dibujar una línea** que abarque desde el lado derecho del rectángulo (Q_3) hasta el valor que corresponde a la f_2.

Al respecto existiría una excepción en la que los bigotes no llegan hasta las vallas. Esto ocurre cuando los valores *mínimo* (Min) y *máximo* (Max) están dentro de las vallas, en cuyo caso los bigotes inferior y superior terminarían justo en esos dos puntos, respectivamente.

Representación de los valores atípicos

6. **Dibujar los puntos individuales** sobre el eje horizontal para representar los valores atípicos o outliers.

Una vez finalice la representación de los valores en el eje debe comprobar si todos los valores se encuentran dentro de las vallas. Si se encuentra en este caso se puede concluir que los datos de la muestra son *Normales*, lo que descarta completamente la presencia de datos *anómalos*.

Sin embargo, si alguno de los valores excede la valla inferior (f_1) o la valla superior (f_2), es decir, si se sitúa más allá de 1,5 veces el rango intercuartílico (RIC), se considerará un *valor anómalo* o un **outlier**. Si éstos, aunque fuera de la *normalidad*, no se alejan significativamente de la valla se clasificarán como **datos anómalos de primer orden**.

Por el contrario, si los outliers se sitúan más allá de 3 veces el rango intercuartílico (RIC), se considerarán como **datos atípicos de segundo orden** o bien como *valores extremadamente atípicos*. Estos valores se diferencian de los de primer orden porque se desvían mucho más del centro de la distribución.

Independientemente de la magnitud con la que se desvíen la mera presencia de estos valores requiere que los investigadores realicen un análisis más profundo para esclarecer de dónde vienen y qué efecto tienen en el resto de los datos.

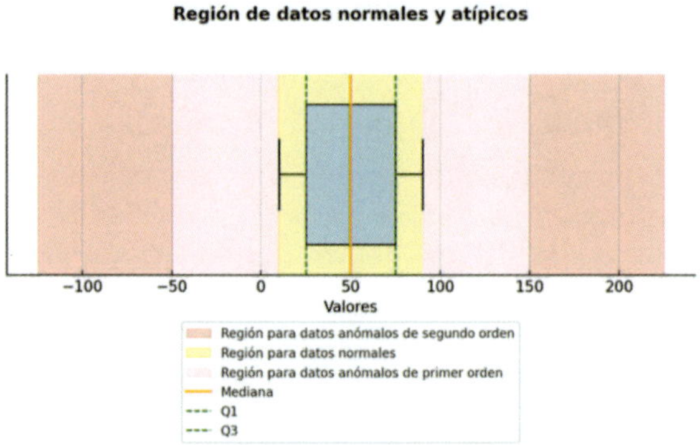

Región de datos normales y atípicos

Figura 5. El gráfico muestra un *box plot* que ilustra las regiones de valores *Normales* y anómalos. La caja central, coloreada en azul suave, representa el rango intercuartílico (RIC), el cual abarca el 50% de los datos más representativos, con la mediana marcada por una línea en su interior. La zona en amarillo destaca la región de *normalidad*, delimitada por las líneas negras, que indican 1,5 veces el RIC. Estas líneas se conocen como las vallas: la valla inferior (f_1) a la izquierda de la caja y la valla superior (f_2) a la derecha. Fuera de esta zona amarilla se encuentra, sombreada en rosa claro, la región de valores *anómalos* de primer orden. Finalmente, para los valores más alejados (3 veces el RIC), se encuentra la región en rosa oscuro que corresponde a la región de datos anómalos de segundo orden.

Para ilustrar cómo se construye este gráfico consideremos el ejemplo siguiente:

Ejemplo 11. Se desea analizar los X_i = *Días de recuperación postquirúrgica* de un grupo de pacientes que han sido sometidos a colecistectomía laparoscópica en un hospital de tercer nivel. Se han recogido para ello los datos de 9 pacientes. Con el fin de visualizar la distribución de los días de recuperación y excluir la presencia de valores atípicos se construye un *box plot* siguiendo el procedimiento que se detalla a continuación:

1. **Listar los valores de la variable**:

$$X_i = \{10, 11, 5, 7, 7, 10, 8, 14, 15\}$$

2. **Ordenar de menor a mayor**:

$$X_i = \{5, 7, 7, 8, 10, 10, 11, 14, 15\}$$

3. **Construir las tablas de frecuencias** para cada variable:

X_i	n_i	f_i	N_i	F_i
[5;8)	4	0,44	4	0,44
[8;11)	3	0,33	7	0,77
[11;15]	2	0,22	9	1,00
Total	9	**1,00**		

Cálculos preliminares

Construcción de la caja

1. **Calcular la mediana (*Me*)** o segundo cuartil (Q_2):

a. Calcular la posición que ocupa la mediana (Me):

$$\frac{K \times n}{2} = \frac{1 \times 9}{2} = 4,5$$

b. Determinar la mediana (Me) a través de su fórmula:

$$Q_2 = L_i + \left(\frac{\frac{1 \times n}{2} - N_{i-1}}{n_i} \right) \times a_i$$

$$Q_2 = 8 + \left(\frac{4,5 - 4}{4} \right) \times 3 = 8,375$$

2. **Calcular el primer cuartil (Q_1)** a través de los pasos que se describen a continuación:

a. Calcular la posición que ocupa el Q_1:

$$\frac{K \times n}{4} = \frac{1 \times 9}{4} = 2,25$$

b. Determinar el Q_1 a través de su fórmula:

$$Q_1 = L_i + \left(\frac{\frac{1 \times n}{4} - N_{i-1}}{n_i} \right) \times a_i$$

$$Q_1 = 5 + \left(\frac{2,25 - 0}{4}\right) \times 3 = 6,68$$

3. **Calcular el tercer cuartil (Q_3)** siguiendo el proceso que exponemos a continuación:

   a. Calcular la posición que ocupa el Q_3:

   $$\frac{K \times n}{4} = \frac{3 \times 9}{4} = 6,75$$

   b. Determinar el Q_3 a través de su fórmula:

   $$Q_3 = L_i + \left(\frac{\frac{3 \times n}{4} - N_{i-1}}{n_i}\right) \times a_i$$

   $$Q_3 = 8 + \left(\frac{6,75 - 4}{4}\right) \times 3 = 10,06$$

Construcción de los bigotes

4. **Calcular el rango intercuartílico (RIC):**

   $$RIC = Q_3 - Q_1 = 10,06 - 6,68 = 3,38$$

5. **Sumar al tercer cuartil (Q_3) el rango intercuartílico (RIC) multiplicada por 1,5.**

$$f_2 = 10,06 + (1,5 \times 3,38) = 15,13$$

6. Restar al primer cuartil (Q_1) el rango intercuartílico (RIC) multiplicada por 1,5.

$$f_1 = 6,68 - (1,5 \times 3,38) = 1,61$$

Representamos el resultado en la siguiente figura:

Días de recuperación postquirúrgica

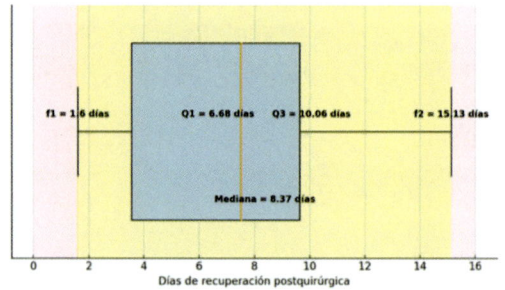

Días de recuperación postquirúrgica

Figura 6. Representación gráfica de la variable X_i = *Días de recuperación postquirúrgica* a través de un *box plot*. El *box plot* muestra el tiempo de recuperación postquirúrgico sin valores atípicos. La amplitud de la caja equivale al rango intercuartílico (RIC), que va desde el primer cuartil (Q_1 = 6,68 días) hasta el tercero (Q_3 = 10,06 días), con la mediana (Q_2) situada en 8,37 días. Los bigotes indican el rango de valores *Normales*, extendiéndose desde f_1 = 1,61 días hasta f_2 = 15,13 días. El área amarilla resalta el espacio de valores que podemos considerar *normales*, confirmando que los días de recuperación después de la cirugía pueden ser considerados normales y que no existen valores atípicos en este conjunto de datos.

Solución: El valor mínimo observado es **5** y el máximo observado es **15**. Con la valla inferior situada en f_1 = 1,61 y la superior en f_2 = 15,13, todos los valores están comprendidos entre estos dos puntos. Por lo tanto, los datos de la variable X_i = *Días de recuperación postquirúrgica* pueden considerarse normales, y no existe región alguna para datos anómalos.

Como puede observarse en el ejemplo que acabamos de desarrollar los valores de la distribución que se consideran *normales* se encuentran entre las vallas f_1 y f_2. No obstante, algunos casos particulares como los siguientes, requieren de especial atención. Leamos el siguiente ejemplo:

Ejemplo 12. *Análisis del nivel de glucosa en sangre en pacientes diabéticos.* Se quiere analizar el X_i = *Nivel de glucosa en sangre (mg/dL)* de un grupo de pacientes en una Unidad de Diabetes. Se han obtenido los valores de glucemia de 10 pacientes a saber: 85, 89, 91, 94, 99, 110, 115, 120, 140, y 180 mg/dL. Se desea construir un *box plot* para observar la distribución de los niveles de glucosa en sangre y determinar si existen valores atípicos.

1. **Listar los valores de la variable:**

$X_i = \{110, 120, 85, 89, 94, 99, 115, 140, 180, 91\}$

2. **Ordenar de menor a mayor:**

$X_i = \{85, 89, 91, 94, 99, 110, 115, 120, 140, 180\}$

3. **Construir las tablas de frecuencias** para cada variable:

X_i	n_i	f_i	N_i	F_i
[85;109)	6	0,60	6	0,60
[109;133)	2	0,20	8	0,80
[133;157)	1	0,10	9	0,90
[157;181]	1	0,10	10	1,00
Total	10	1,00		

Cálculos preliminares

Construcción de la caja

1. **Calcular la mediana (Me)** o segundo cuartil (Q_2) a partir del procedimiento que sigue:

   a. Calcular la posición que ocupa la mediana (Me):

$$\frac{K \times n}{2} = \frac{1 \times 10}{2} = 5$$

   b. Determinar la mediana (Me) a través de su fórmula:

$$Q_2 = L_i + \left(\frac{\frac{1 \times n}{2} - N_{i-1}}{n_i} \right) \times a_i$$

142

$$Q_2 = 85 + \left(\frac{5-0}{6}\right) \times 24 = 105$$

2. **Calcular el primer cuartil (Q_1)** por medio de los siguientes pasos:

    a. Calcular la posición que ocupa el Q_1:

$$\frac{K \times n}{4} = \frac{1 \times 10}{4} = 2{,}5$$

    b. Determinar el Q_1 a través de su fórmula:

$$Q_1 = L_i + \left(\frac{\frac{1 \times n}{4} - N_{i-1}}{n_i}\right) \times a_i$$

$$Q_1 = 85 + \left(\frac{2{,}25 - 0}{6}\right) \times 24 = 94$$

3. **Calcular el tercer cuartil (Q_3)** a través de las fórmulas expuestas a continuación:

    a. Calcular la posición que ocupa el Q_3:

$$\frac{K \times n}{4} = \frac{3 \times 10}{4} = 7{,}5$$

    b. Determinar el Q_3 a través de su fórmula:

$$Q_3 = L_i + \left(\dfrac{\dfrac{3 \times n}{4} - N_{i-1}}{n_i} \right) \times a_i$$

$$Q_3 = 109 + \left(\dfrac{7,5 - 6}{2} \right) \times 24 = 127$$

Construcción de los bigotes

4. **Calcular el rango intercuartílico (RIC):**

$$RIC = Q_3 - Q_1 = 127 - 94 = 33$$

5. **Sumar al tercer cuartil (Q_3) el rango intercuartílico (RIC) multiplicada por 1,5.**

$$f_2 = 127 + (1,5 \times 33) = 176,5$$

6. **Restar al primer cuartil (Q_1) el rango intercuartílico (RIC) multiplicada por 1,5.**

$$f_1 = 94 - (1,5 \times 33) = 44,5$$

Seguidamente se representa el resultado obtenido en el siguiente diagrama de caja y bigotes:

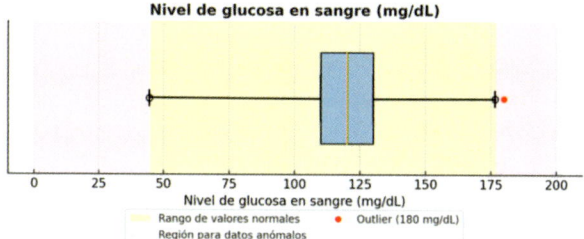

Nivel de glucosa en sangre (mg/dL)

Rango de valores normales   ● Outlier (180 mg/dL)
Región para datos anómalos

Figura 7. Representación gráfica del X_i = *Nivel de glucosa en sangre (mg/dL)* mediante un *box plot*. Este *box plot* muestra la glucemia de 10 pacientes de una Unidad de Diabetes donde destaca la presencia de valores atípicos. La caja corresponde al rango intercuartílico (RIC), que abarca desde el primer cuartil (Q_1 = 110 mg/dL) hasta el tercer cuartil (Q_3 = 130 mg/dL), con la Mediana (Q_2) situada en 120 mg/dL. Los bigotes indican el rango de valores normales, extendiéndose desde 44,5 mg/dL (*valla inferior*) hasta 176,5 mg/dL (*valla superior*). El área amarilla destaca la región de valores normales, confirmando que todos los valores situados entre 44,5 y 176,5 mg/dL pueden ser considerados normales, salvo el valor de 180 mg/dL que se debe considerar un *outlier*.

Solución: El valor mínimo observado es 85 y el máximo observado es 180. Con la valla inferior situada en f_1 = **44,5** y la valla superior en f_2 = **176,5**, sólo el valor de 180 mg/dL es un *outlier*. Por lo tanto, existe región para datos anómalos [176,5; 180] en la variable X_i = *Nivel de glucosa en sangre (mg/dL)*.

Ejemplo 13. *Tiempo medio de espera en el servicio de Urgencias de un hospital provincial.* El tiempo medio de espera del servicio de Urgencia hospitalaria es un marcador fiable de su calidad asistencial. El gerente desea conocer el tiempo medio que tardan en ser atendidos los pacientes después de la redistribución de profesionales que se ha efectuado.

Para completar el reporte que deben presentar ante el responsable público representan a través de un *box plot* el X_i =

tiempo medio de espera en el servicio de Urgencias después del reajuste de personal introducido por el gestor. Los pasos que han seguido para su elaboración son los siguientes:

1. **Lista los valores de la variable:**

$$X_i = \{20, 15, 20, 90, 40, 45, 40, 45, 25\}$$

2. **Ordenar de menor a mayor:**

$$X_i = \{15, 20, 20, 25, 40, 40, 45, 45, 90\}$$

3. **Construir las tablas de frecuencias** para la variable en cuestión:

X_i	n_i	f_i	N_i	F_i
[15;33.75)	4	0,44	4	0,44
[33.75;52.5)	4	0,44	8	0,88
[52.5;71.25)	0	0,00	8	0,88
[71.25;90]	1	0,00	9	1,00
Total	9	1,00		

Cálculos preliminares

Construcción de la caja

1. **Calcular la mediana (*Me*)** o segundo cuartil (Q_2) siguiendo los siguiente pasos:

    a. Calcular la posición que ocupa la mediana (*Me*):

    $$\frac{K \times n}{2} = \frac{1 \times 9}{2} = 4,5$$

    b. Determinar la *Me* a través de su fórmula:

    $$Q_2 = L_i + \left(\frac{\frac{1 \times n}{2} - N_{i-1}}{n_i}\right) \times a_i$$

    $$Q_2 = 33,75 + \left(\frac{4,5 - 4}{4}\right) \times 18,75 = 36,1$$

2. **Calcular el primer cuartil (Q_1)** a través del procedimiento desarrollado a continuación:

    a. Calcular la posición que ocupa el Q_1:

    $$\frac{K \times n}{4} = \frac{1 \times 9}{4} = 2,25$$

    b. Determinar el Q_1 a través de su fórmula:

$$Q_1 = L_i + \left(\frac{\frac{1 \times n}{4} - N_{i-1}}{n_i} \right) \times a_i$$

$$Q_1 = 15 + \left(\frac{2,25 - 0}{4} \right) \times 18,75 = 25,5$$

3. **Calcular el tercer cuartil (Q_3)** utilizando las fórmula oportunas:

   c. Calcular la posición que ocupa el Q_3:

   $$\frac{K \times n}{4} = \frac{3 \times 9}{4} = 6,75$$

   d. Determinar el Q_3 mediante su fórmula:

   $$Q_3 = L_i + \left(\frac{\frac{3 \times n}{4} - N_{i-1}}{n_i} \right) \times a_i$$

   $$Q_3 = 33,75 + \left(\frac{6,75 - 4}{4} \right) \times 18,75 = 46,64$$

Construcción de los bigotes

4. **Calcular el rango intercuartílico (RIC):**

   $$RIC = Q_3 - Q_1 = 46,64 - 25,5 = 21,14$$

5. **Sumar al tercer cuartil (Q_3) el rango intercuartílico (RIC) multiplicada por 1.5.**

$$f_2 = 46,64 + (1.5 \times 21,14) = 78,35$$

6. **Restar al primer cuartil (Q_1) el rango intercuartílico (RIC) multiplicada por 1.5.**

$$f_1 = 25,5 - (1,5 \times 21,14) = -6,21$$

Se representa el resultado en el siguiente gráfico de caja y bigotes:

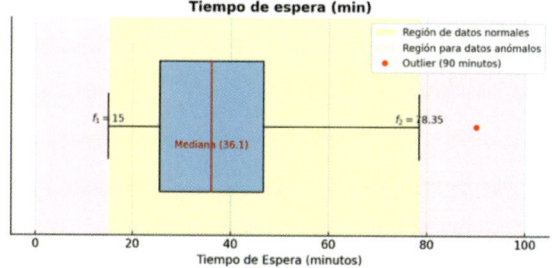

Figura 8. Representación gráfica de la variable $X_i = $ *tiempo medio de espera en el servicio de urgencias* después de la redistribución del personal. El *box plot* muestra el tiempo de espera en el servicio de urgencias con una *Me* de 36,1 minutos. Los bigotes se prolongan a izquierda y derecha desde 15 minutos (*valla inferior*) hasta 78,35 minutos (*valla superior*), delimitando éstos la región de valores *Normales*. Observe que, aunque se haya calculado que la valla inferior f_1 es − 6,21, el hecho que el *Min* de la distribución sea 15 minutos, implica que el bigote inferior no se extenderá hasta la valla, sino hasta el valor mínimo (*Min*). Esto se debe a que, al ser el menor valor registrado, no existen datos inferiores que representar. Por último, el valor de 90 minutos, al situarse por encima de la valla superior, es el único que podría considerarse un valor atípico.

Solución: Dado que el valor máximo es $Max = 90$ se encuentra más allá de la valla superior que es $f_2 = 78,35$, se consideraría un valor atípico (*outlier*).

Resumen

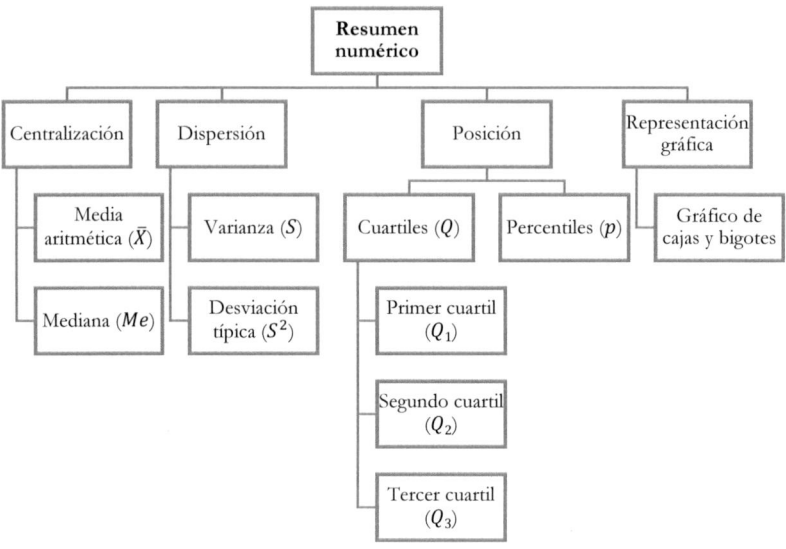

Esquema 1. *El resumen numérico de los datos.* El resumen numérico de datos estadísticos incluye medidas de tendencia central (*media aritmética y mediana*), medidas de dispersión (*varianza y desviación típica*), y medidas de posición (*cuartiles y percentiles*). Si deseamos representar la distribución será necesario desarrollar un gráfico de cajas y bigotes que nos permitirá conocer cómo se organizan los datos e identificar la existencia de valores anómalos.

CAPÍTULO 4.
El estudio de la *normalidad* de los datos

Hasta ahora hemos hablado sobre cómo analizar la distribución de los datos de una variable. Para ello, hemos usado tablas de frecuencias, gráficos y algunos cálculos estadísticos que nos ayudan a resumir la información. Sin embargo, nuestro objetivo va más allá de simplemente describir variables; buscamos también comparar y realizar predicciones.

Para lograr esto, es fundamental contar con una muestra representativa, seleccionada de tal manera que los resultados obtenidos puedan ser extrapolados a la población objetivo. A esto le llamamos **inferencia estadística**. Para llevar a cabo una inferencia, es necesario estudiar si el conjunto de datos muestrales que tenemos se parece lo suficiente a la población que estamos estudiando.

La mayoría de los fenómenos naturales que se estudian en investigación en Salud suceden siguiendo una distribución de probabilidad *Normal* o también conocida como distribución Z. Esto significa que la mayoría de los datos de una población tienden a agruparse en torno a un valor central, mientras que los valores más inusuales, o extremos, son menos frecuentes y se encuentran más alejados de este centro.

Al intentar representar los datos de una distribución normal en un gráfico, observaremos que adopta una forma acampanada que conocemos como **campana gaussiana**. Este nombre rinde homenaje al matemático alemán Carl Friedrich Gauss (1777-1855), quien fue el primero en describirla.

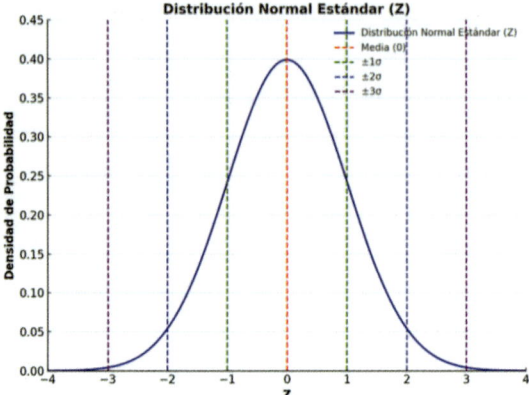

Figura 1. La figura muestra una gráfica de la distribución *Normal* (**Z**). En el eje horizontal se representan los valores **Z** y en el eje vertical la densidad de probabilidad. La curva es una campana simétrica, unimodal (*que tiene solo una moda*) y centrada en 0. Además, presenta a lo largo del eje horizontal dos *asíntotas* que indican que, aunque la probabilidad se aproxima nunca llega a ser exactamente 0 en los extremos.

A partir de esta distribución, el objetivo del investigador será determinar si los datos que contiene su muestra se parecen o no a una distribución *Normal* (**Z**). En otras palabras, se buscará evaluar la similitud de los datos observados en la muestra con los datos teóricos que cabría esperar si siguiera una distribución *Normal* (**Z**).

Este paso es fundamental antes de establecer relaciones entre las variables, ya que la elección del análisis estadístico dependerá de si la distribución de los datos se asemeja a una distribución *Normal* (**Z**) o no. Para comparar nuestros datos muestrales con la *Normal* (**Z**) de la población, tenemos varios métodos que podemos agrupar en dos tipos: *gráficos* y *numéricos*.

4.1. Métodos gráficos

Como se puede deducir los métodos gráficos son aquellos que nos permiten analizar visualmente cuánto se asemeja nuestra distribución muestral a la *Normal (Z)* teórica. Entre ellos podemos destacar el *histograma* y *diagrama cuantil-cuantil*.

4.1.1. Histograma

El **histograma** es el gráfico más utilizado para analizar la *Normalidad* de una variable continua. Si los datos muestrales siguen una distribución *Normal (Z)*, el histograma adoptará una forma de *campana gaussiana* con un pico central en la media y dos colas en los extremos.

El **pico** representa la mayor probabilidad de ocurrencia de un fenómeno, mientras que las **colas** laterales indican una disminución gradual de la probabilidad a medida que nos alejamos de la media hacia los extremos de la distribución.

Esto implica que, en una distribución *Normal*, los valores próximos a la media tienden a aparecer con mayor frecuencia que aquellos que se encuentran en los extremos, ya sean altos o bajos.

Observe con atención el siguiente histograma, el cual representa una muestra de datos que sigue una distribución *Normal (Z)*. Para facilitar la interpretación, se ha superpuesto una curva de densidad que destaca claramente la característica forma de *campana gaussiana*.

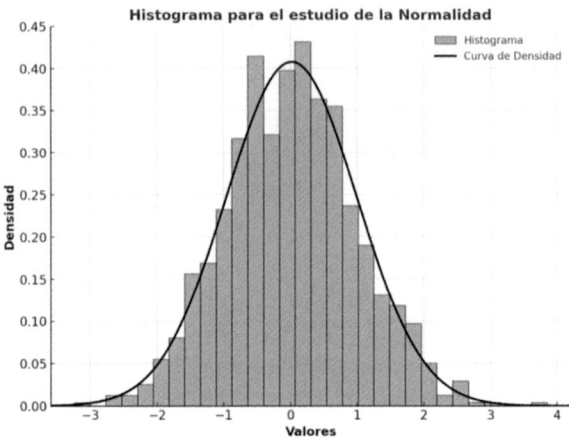

Figura 2. *Histograma*. La figura muestra un histograma que representa una distribución *Normal* (**Z**). En el eje horizontal se encuentran los valores, que van aproximadamente de -3 a 3, y en el eje vertical la densidad de los datos. La mayoría de los valores se concentran alrededor de la media, que es 0, y la densidad disminuye simétricamente a medida que nos alejamos de la media en ambas direcciones. Superpuesta al histograma, se observa una curva de densidad que ilustra la forma teórica de la distribución *Normal* (**Z**), evidenciando la campana simétrica característica de este tipo de distribución.

En cambio, si los datos muestrales no son *Normales*, el *histograma* perdería la simetría y adoptaría una nueva forma asimétrica por la presencia de los conocidos como *sesgos negativos* o *positivos*.

Veamos con detalle cada uno de ellos:

Sesgo a la izquierda o *negativo*

Cuando existe un sesgo a la izquierda, podemos observar que los datos se agrupan en el lado derecho del *histograma*, originando una cola que se prolonga hacia la izquierda. Esta asimetría sugiere la presencia de algunos valores extremadamente bajos en el conjunto de datos, lo que crea una curva característica que puede ver en el siguiente gráfico.

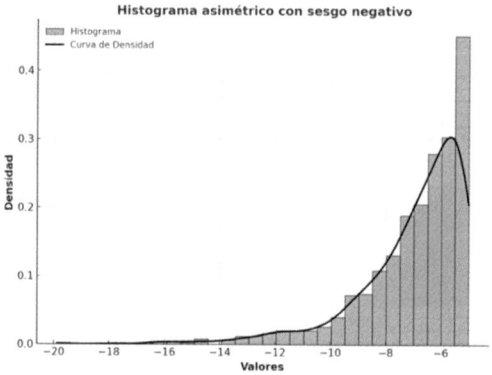

Figura 3. *Histograma asimétrico con sesgo negativo.* La figura muestra un histograma *asimétrico* en el que la mayoría de los valores se concentran en el lado derecho, con una cola larga extendiéndose hacia la izquierda lo que confirmaría que la distribución no es *Normal* (Z).

Sesgo a la derecha o *positivo*

En este caso, la mayoría de los valores del *histograma* se concentran en el lado izquierdo, formando una cola larga hacia la derecha. A diferencia del sesgo a la izquierda, esta forma asimétrica indica la existencia de algunos valores extremadamente altos en la muestra.

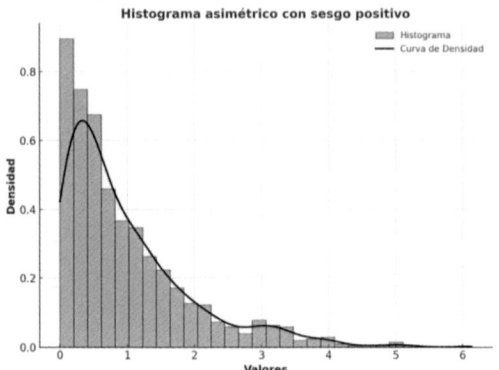

Figura 4. *Histograma asimétrico con sesgo positivo.* Esta figura muestra cómo la mayoría de los valores se concentran en el lado izquierdo, con una cola larga extendiéndose hacia la derecha lo que significaría que los datos no se distribuyen como una *Normal* teórica (**Z**).

Veamos a continuación algunos ejemplos resueltos:

Ejemplo 1. *Tiempo de resolución de un examen.* Supongamos que un profesor quiere investigar si el X_i = *tiempo que tardan sus estudiantes en completar el examen* sigue una distribución *Normal* (**Z**). Durante la evaluación, observa y recopila los tiempos (*min*) que tardan $n = 50$ estudiantes en finalizar la prueba. Estos son los pasos seguidos por el profesor:

1. **Listar los datos originales:**

X_i = {39, 33, 31, 34, 38, 40, 28, 26, 35, 32, 37, 31, 37, 39, 30, 35, 34 36, 38, 27, 25, 33, 27, 32, 31, 35, 29, 30, 32, 36, 38, 29, 34, 29,31,33, 37, 38, 32, 35}

2. **Ordenar los datos de menor a mayor:**

$X_i = \{25, 26, 27, 27, 28, 29, 29, 29, 30, 30, 31, 31, 31, 31,$
$32, 32, 32, 32, 32, 33, 33, 33, 34, 34, 34, 34, 35, 35, 35, 35,$
$35, 36, 36, 37, 37, 37, 38, 38, 38, 39, 39, 40\}$

3. Representar en un histograma

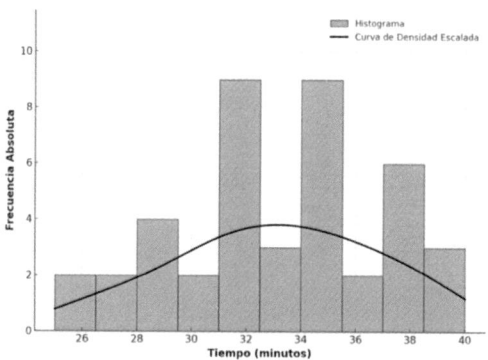

Figura 5. El *histograma* representa los datos del X_i = *tiempo que tardan sus estudiantes en completar el examen.* La distribución de los datos en el histograma parece seguir una forma aproximadamente *Normal* (Z), con un pico central alrededor de los 32 minutos y una disminución gradual hacia ambos extremos.

Consideremos ahora otro ejemplo:

Ejemplo 2. *Peso de los pacientes en una clínica.* Supongamos que un investigador quiere conocer si el peso de los pacientes en una clínica sigue una distribución *Normal*. Recopila datos sobre el peso (*kg*) de $n = 50$ pacientes y quiere realizar un estudio de normalidad de los valores de la variable $X_i = Peso$ *de los pacientes en una clínica* utilizando un *histograma*:

1. Listar los datos originales:

$X_i = \{70, 85, 60, 72, 90, 95, 68, 66, 75, 80, 85, 60, 85, 90, 62,$
$75, 72, 78, 88, 67, 65, 83, 67, 80, 60, 75, 69, 62, 78, 88, 75,$
$80, 82, 85, 72, 74, 87, 88, 80, 75\}$

2. Ordenar los datos de menor a mayor:

$X_i = \{60, 60, 60, 62, 62, 65, 66, 67, 67, 68, 69, 70, 72, 72, 72,$
$74, 75, 75, 75, 75, 75, 78, 78, 80, 80, 80, 80, 82, 83, 85, 85,$
$85, 85, 87, 88, 88, 88, 90, 90, 95\}$

3. Representar en un histograma:

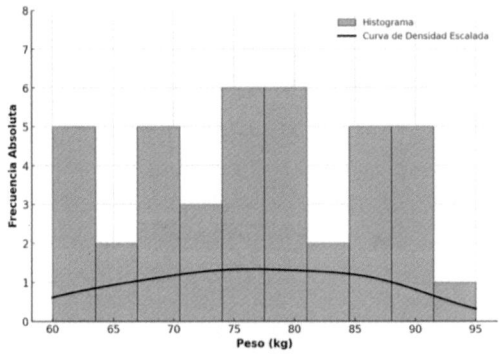

Figura 6. El histograma representa los datos sobre X_i = *Peso de los pacientes en una clínica*, junto con una curva de densidad superpuesta. La distribución de los datos en el histograma no sigue una forma *Normal* (Z) lo que sugiere que los pesos de los pacientes no están distribuidos de manera simétrica alrededor de la media y presentan una estructura más compleja que diverge de la campana *gaussiana*.

4.1.2. Diagrama cuantil-cuantil

El **diagrama cuantil-cuantil**, o *Q-Q plot*, es una herramienta que también nos ayuda a evaluar de forma visual cómo se ajustan nuestros datos muestrales a una distribución *Normal* (Z) teórica. Este gráfico compara los cuantiles de los datos que tenemos en la muestra con los cuantiles esperados de una distribución *Normal* (**Z**). Para que lo entendamos mejor, un **cuantil** es como un punto de referencia que divide una distribución en partes iguales, lo que nos ayuda a ver cómo se distribuyen los datos en diferentes partes de la muestra.

Si los datos observados son *Normales*, los cuantiles de la muestra —*que se representan en el eje vertical* **Y**— deberían alinearse con los cuantiles esperados de la distribución *Normal* —*ubicados a lo largo del eje horizontal* **X**—. En el *Q-Q plot*, la confirmación de *normalidad* se verá como una serie de puntos que se alinean perfectamente con una línea de ajuste que atraviesa en diagonal el gráfico. En la siguiente figura puede observarlo:

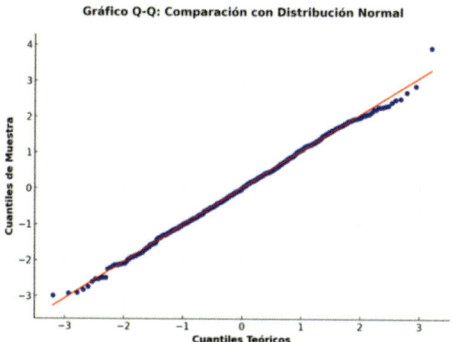

Figura 7. *Q-Q plot* para una *distribución Normal*. El *Q-Q plot* compara los cuantiles de una muestra de datos con los cuantiles teóricos de una distribución *Normal* (Z). En el eje horizontal se encuentran los cuantiles teóricos, y en el eje vertical, los cuantiles de la muestra. La línea diagonal roja representa la referencia donde los

datos seguirían perfectamente una distribución Z. Los puntos azules, que representan los cuantiles de la muestra, se alinean cerca de la línea roja, lo que indica que los datos de la muestra siguen aproximadamente una distribución *Normal* (Z), con pequeñas desviaciones en los extremos.

Por el contrario, si observamos cualquier desviación significativa de esta diagonal indicaría que los datos de la muestra no se ajustan adecuadamente a la distribución *Normal* (Z). A veces, incluso se pueden observar patrones específicos en el *Q-Q* plot que proporcionan pistas sobre las características de la distribución subyacente. A continuación, analizamos algunas de las características de los diagramas cuantil-cuantil que nos llevarían a concluir que nuestra muestra de datos no sigue una distribución *Normal*:

1. **Colas pesadas:** cuando se observan puntos en el extremo superior e inferior del *Q-Q* plot que se desvían notablemente de la línea diagonal sugiere que la distribución muestral tiene unas colas más pesadas que la *Normal*.

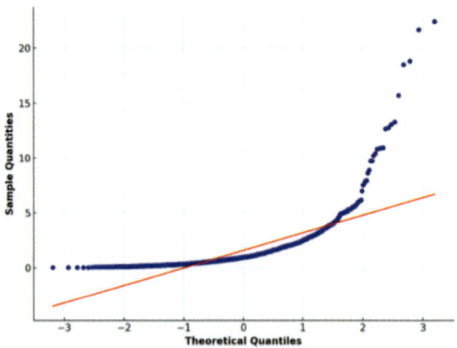

Figura 8. *Q-Q plot* con *colas pesadas*. En este gráfico, los puntos en el extremo superior derecho y el extremo inferior izquierdo se desvían significativamente de la línea diagonal roja de referencia, lo que indica que los datos tienen colas más pesadas de lo esperado para una distribución *Normal*.

2. **Curva en forma de S:** si el gráfico presenta una curva con forma de *S*, esto indica la existencia de colas más pesadas o ligeras de lo esperado, lo que sugiere que la distribución de los datos muestrales difiere de la distribución *Normal* (Z) teórica.

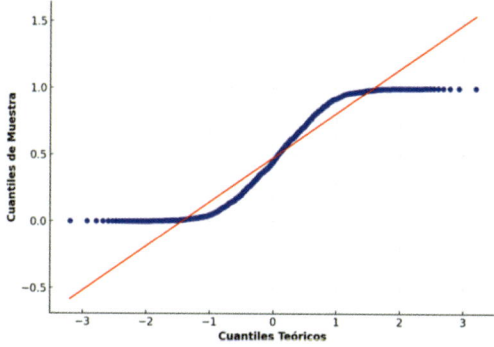

Figura 9. *Q-Q plot* con forma de *S*. En los extremos inferior izquierdo y superior derecho, los puntos se desvían significativamente de la línea diagonal roja, lo que indica que los datos tienen colas más pesadas o una distribución diferente a la *Normal* (Z). Esta forma en *S* sugiere una distribución con una mayor concentración de datos en los extremos y menos en el centro, en comparación con una distribución *Normal* (Z).

3. **Inclinación hacia arriba o hacia abajo:** si los puntos del gráfico *Q-Q* se desvían hacia arriba o hacia

abajo sugiere discrepancias de la muestra respecto a la distribución *Normal* (Z) teórica.

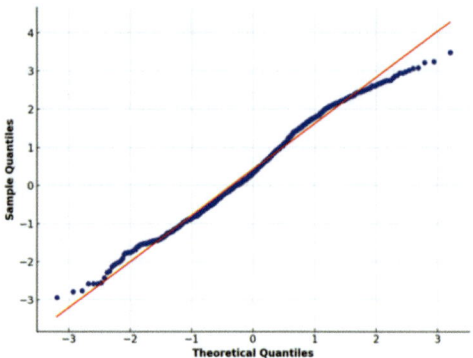

Figura 10. *Q-Q plot* con una *desviación sistemática.* Los puntos exhiben una inclinación hacia arriba en la parte superior derecha y una inclinación hacia abajo en la parte inferior izquierda. Esta desviación de la línea diagonal roja de referencia indica una desviación sistemática de la distribución teórica *Normal* en ciertas partes de la distribución, sugiriendo que los datos no siguen completamente una distribución *Normal* y tienen algún sesgo.

4. **Puntos atípicos o dispersos**: si hay puntos que se alejan notablemente de la línea diagonal, esto indica la presencia de *valores atípicos* que provocan que los datos observados en la muestra no se ajusten bien a la distribución *Normal* (Z) teórica.

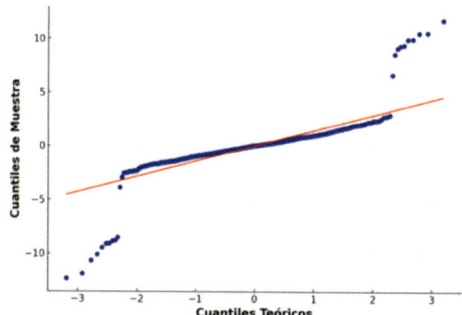

Figura 11. *Q-Q plot* con *valores atípicos*. En este gráfico, los puntos siguen aproximadamente la línea diagonal roja, lo que es indicativo de que la mayoría de los valores muestrales se ajustan adecuadamente a la distribución *Normal*. Sin embargo, como puede apreciarse algunos puntos se desvían de forma notable de la línea de referencia, concretamente en los extremos. Esto es sugestivo de la presencia de valores atípicos que introduce una mayor variabilidad de la esperada respecto de la distribución teórica *Normal*.

Proporcionamos los siguientes ejemplos para ilustrar cómo realizar el estudio de la *Normalidad* de la muestra a partir de un *Q-Q plot*:

Ejemplo 3. *Tiempo de resolución de un examen.* Retomamos el ejemplo anterior sobre el tiempo que tardan los estudiantes en completar el examen para explicar esta idea. Se desea conocer si lo que tardan en hacer la prueba se ajusta a una distribución *Normal*. Se pasa a representar los datos de la variable X_i = *Tiempo que tardan sus estudiantes en completar el examen* en un *Q-Q plot*.

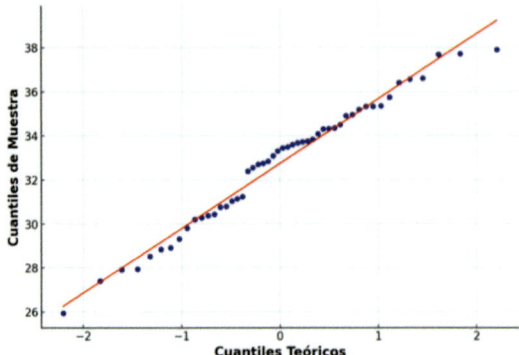

Figura 12. *Q-Q plot* de la variable X_i = *tiempo que tardan sus estudiantes en completar el examen.* En este gráfico, los cuantiles teóricos de la distribución *Normal* se representan en el eje X, mientras que los cuantiles de la muestra de datos se localizan en el eje Y. La línea diagonal roja sirve de referencia para situar los valores en caso de que éstos siguieran una distribución *Normal* perfecta. Los puntos azules representan los cuantiles observados de los datos de la muestra. Como puede comprobarse la proximidad de los puntos a la línea roja indica que los datos se ajustan razonablemente bien a una distribución *Normal*, con algunas desviaciones no significativas en los extremos.

Ejemplo 4. *Estatura de los estudiantes en una universidad.* Supongamos que un investigador quiere conocer si la estatura de los estudiantes universitarios sigue una distribución *Normal*. Recopilando $n = 50$ datos sobre la X_i = *Estatura de los estudiantes* (en *cm*) quiere realizar un estudio de *Normalidad* utilizando un *Q-Q plot*.

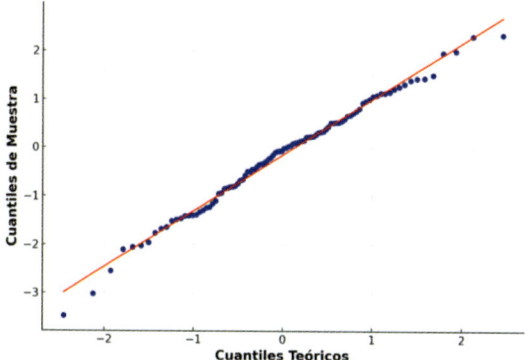

Figura 13. *Q-Q plot* de la variable $X_i = Estatura\ de\ los\ estudiantes$ *(*en *cm).* El gráfico Q-Q presentado analiza la *Normalidad* de la estatura de los estudiantes en una universidad. La mayoría de los puntos azules se alinean bien con la línea diagonal roja de referencia, sugiriendo esto que los datos observados de las estaturas siguen razonablemente una distribución *Normal.* Sin embargo, si nos fijamos bien, en los extremos del gráfico, hay algunas desviaciones no significativas que indican, así mismo, que la muestra del investigador tiene colas ligeramente más pesadas o ligeras en comparación con un ajuste perfecto a la *Normal.* En resumen, el *Q-Q plot* muestra que las estaturas de los estudiantes se ajustan razonablemente bien a una distribución *Normal,* con pequeñas desviaciones en los extremos.

4.2. Métodos numéricos

Existen algunas medidas que pueden, del mismo modo, darnos una idea más o menos exacta de la similitud entre los valores reales observados en la muestra y los valores teóricos que se esperarían tener en caso de que siguieran una distribución *Normal* (**Z**). En este conjunto de métodos numéricos para el estudio de la *normalidad* podemos encontrar: la *Asimetría* (**As**) y la *Curtosis* (**Cu**).

4.2.1. Asimetría (*As*)

La asimetría de Fisher, o asimetría de Fisher-Pearson, se refiere al concepto introducido por el estadístico británico Sir Ronald Aylmer Fisher (1890-1962) en *Statistical Methods for Research Workers* publicado en 1925.

La **asimetría (*As*)**, es una medida muy utilizada para identificar si los datos tienden a estar *sesgados* hacia la *izquierda* o la *derecha*, lo que resulta interesante para conocer si la distribución se asemeja o no a la *Normal* (*Z*). Para calcular la asimetría, se deben seguir cuatro pasos:

1. **Determinar la media ($\bar{X}$):**

$$\bar{X} = \frac{\Sigma X_i}{N}$$

2. **Calcular la desviación estándar (*S*):**

$$S = \sqrt{\frac{\Sigma (X_i - \bar{X})^2}{n - 1}}$$

3. **Calcular la Asimetría (*As*):**

$$As = \frac{\Sigma (X_i - \bar{X})^3}{n \times S^3}$$

Donde,

X_i = Valores que toma la variable

$\bar{X}$ = Media muestral

n = Tamaño muestral

S = Desviación estándar

4. Interpretar el resultado: una vez calculada la *Asimetría* (**As**) el resultado puede ser interpretado de la siguiente manera:

Asimetría es mayor que cero (**As** > 0)

Cuando el coeficiente de *Asimetría* (**As**) es mayor que 0 sería indicativo de que la distribución es *asimétrica* y está sesgada hacia la derecha. En este caso, se dice que la distribución presenta una **asimetría positiva**.

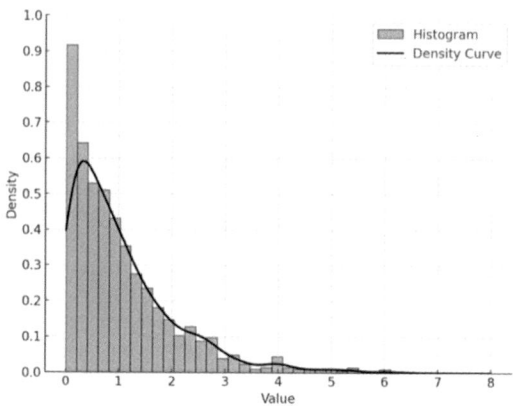

Figura 14. *Histograma que muestra una distribución con asimetría positiva (sesgo hacia la derecha).* En el eje horizontal se encuentran los valores de los datos, mientras que

en el eje vertical se muestra la densidad de los mismos. La mayoría de los valores se concentran en el lado izquierdo del gráfico, cerca del 0, y la frecuencia disminuye a medida que los valores aumentan hacia la derecha. La curva de densidad superpuesta también ilustra esta asimetría positiva mostrando una cola larga hacia la derecha.

Asimetría es menor que cero (*As* < 0)

Si el coeficiente de *Asimetría* (*As*) es menor que 0, significa que la distribución es *asimétrica* y, a diferencia del caso anterior, está sesgada hacia la izquierda. En tal caso, se considera que la distribución tiene una **asimetría negativa.**

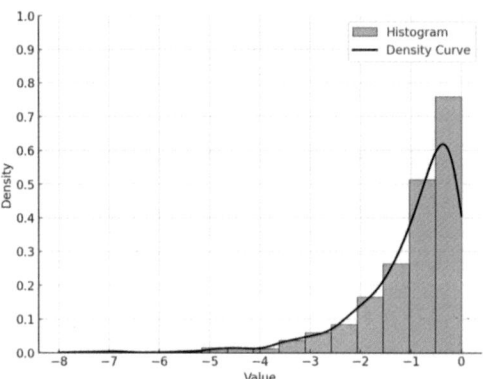

Figura 15. *Histograma que muestra una distribución con asimetría negativa (sesgo hacia la izquierda).* En el eje horizontal están situados los valores de los datos, y en el eje vertical se muestra su densidad. Tal y como se aprecia en la imagen, la mayoría de los valores se concentran en el lado derecho del gráfico y su frecuencia disminuye a medida que nos alejamos hacia la izquierda. La curva de densidad superpuesta también ilustra esta asimetría negativa mostrando una cola larga hacia la izquierda.

Asimetría es cercana a cero (*As* ≈ 0)

Si el coeficiente de *Asimetría* (*As*) es 0 o está próximo a él, se podría considerar que la distribución muestral es **simétrica** lo que, sin duda, reflejaría que los valores se aproximan a una distribución *Normal* (**Z**).

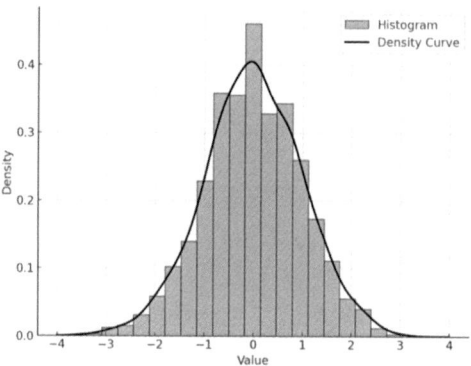

Figura 16. *Histograma que muestra una distribución aproximadamente simétrica, con una asimetría cercana a cero (As ≈ 0).* En el eje horizontal se encuentran los valores de los datos, mientras que en el eje vertical se muestra la su densidad. La mayoría de los valores se concentran alrededor de la media, que es 0, y la frecuencia disminuye simétricamente a medida que nos alejamos de la media en ambas direcciones. La curva de densidad superpuesta también ilustra esta simetría, mostrando una campana gaussiana típica de una distribución *Normal (Z)*.

Veamos un caso práctico:

Ejemplo 5. *Evaluación del impacto de un programa de ejercicio sobre la salud cardiovascular.* Un hospital está interesado en evaluar el impacto de un programa de ejercicio físico en la salud cardiovascular de un grupo de pacientes. Los especialistas de la Unidad de rehabilitación cardiaca que atienden a estos pacientes recogieron las edades de $n = 9$ participantes y desean estudiar la *Normalidad* de la variable $X_i =$ *Edades de los participantes* a través del coeficiente de *Asimetría* (**As**):

$$X_i = \{25, 30, 35, 40, 45, 50, 55, 60, 85\}$$

1. **Calcular la media ($\bar{X}$):**

$$\bar{X} = \frac{X_i}{N} = 47{,}22$$

2. **Calcular la desviación estándar (S):**

$$S = \sqrt{\frac{\Sigma(X_i - \bar{X})^2}{n - 1}}$$

Donde,

$X_i =$ Valor que toma la variable
$\bar{X} =$ Media muestral
$n =$ Tamaño de la muestra

   a. Determinar el valor de la varianza (S^2):

$$S^2 = \frac{\Sigma(X_i - \bar{X})^2}{n - 1} = 333{,}02$$

b. Calcular la desviación estándar (S) a partir de la raíz cuadrada de la varianza (S^2):

$$S = \sqrt{333{,}02} = 18{,}24$$

3. **Calcular la asimetría (As):**

$$As = \frac{\Sigma(X_i - \bar{X})^3}{n \times S^3} = \frac{42113{,}38}{9 \times (18{,}24)^3} = 0{,}778$$

Solución: $As = 0{,}778$. Como el coeficiente de *Asimetría* (As) es positivo, sabemos que la distribución de datos de la variable $X_i = Edades\ de\ los\ participantes$ está sesgada hacia la derecha, es decir, que debe existir una cola más larga en ese lado de la distribución.

Probablemente una representación en un *histograma* nos ayude a visualizar mejor el resultado del caso anterior:

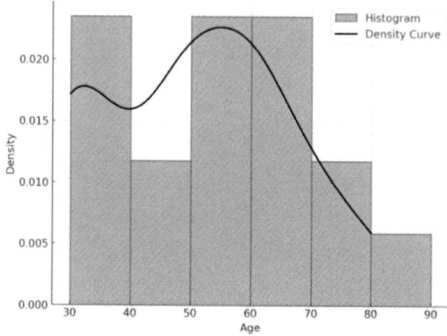

Figura 17. *Evaluación del impacto de un programa de ejercicio sobre la salud cardiovascular de un grupo de pacientes.* El histograma muestra la distribución de las $X_i = Edades\ de$

los participantes en el estudio sobre el impacto de un programa de ejercicio en la salud cardiovascular. La distribución de las X_i = *Edades de los participantes* es claramente asimétrica hacia la derecha por lo que tienen una asimetría positiva. Este sesgo hacia la derecha se debe a la presencia de valores extremos elevados (*en este caso, un paciente con edad de 85 años*), que ocasionan una cola más larga en la parte derecha del histograma. De lo anterior se deriva, primero, una asimetría positiva implica que la mayoría de los participantes son más jóvenes, con unos pocos individuos significativamente mayores que elevan la media ($\bar{X}$) y la mediana (Me) de la distribución.

4.2.2. Curtosis (Cu)

La *Curtosis* (Cu) es una medida estadística que evalúa el grado de apuntamiento de una distribución en comparación con el que tendría si fuera *Normal* (Z). En otras palabras, es algo así como una comparación entre la altura y el ancho del pico de la distribución muestral y la *campana gaussiana*. Esto nos permite, por ejemplo, saber si la distribución es más puntiaguda o plana con respecto a la *Normal* (Z).

Para calcularla se lleva a cabo los siguientes pasos:

1. **Determinar la media ($\bar{X}$):**

$$\bar{X} = \frac{\Sigma X_i}{N}$$

2. **Calcular la desviación típica (S):**

$$S = \sqrt{\frac{\Sigma(X_i - \bar{X})^2}{n-1}}$$

Donde,

X_i = Valor que toma la variable

$\bar{X}$ = Media muestral

n = Tamaño de la muestra

3. **Calcular la curtosis (Cu)** aplicando la siguiente fórmula:

$$Cu = \frac{\frac{\sum(X_i - \bar{X})^4}{n}}{S^4} - 3$$

Donde,

X_i = Valores de la variable

$\bar{X}$ = Media

S = Desviación estándar

n = Tamaño muestral

4. **Interpretar el resultado**: una vez que hayamos calculado la *Curtosis* (Cu), el resultado deberá interpretarse de la siguiente manera:

Curtosis es mayor que 0 ($Cu > 0$)

Si la *Curtosis* (Cu) es mayor a 0 indica que la distribución muestral es más afilada con respecto a la *Normal* (*Z*). En este caso diremos que es **leptocúrtica**.

Este tipo de distribución se caracteriza por presentar un pico más alto y colas más gruesas, en comparación con la distribución *Normal* (**Z**), lo que indica que los datos están más concentrados alrededor de la media y que existe una mayor probabilidad de encontrar atípicos.

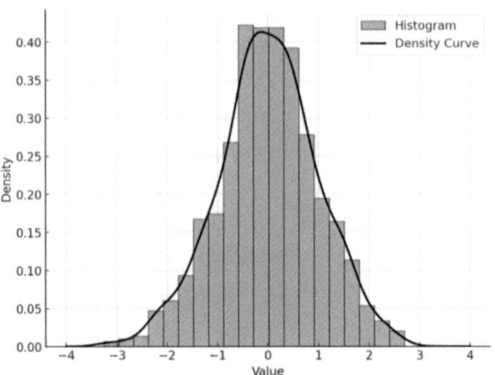

Figura 18. *Histograma de una distribución leptocúrtica.* El gráfico muestra un pico central alto y estrecho. Esto indica que existe una mayor concentración de valores alrededor de la media, y colas más gruesas que las de una distribución *Normal* (**Z**) lo que sugiere una mayor presencia de valores extremos.

Curtosis es igual a 0 (*Cu* = 0)

Si la *Curtosis* (*Cu*) es igual a **0**, entonces la distribución muestral tiene el mismo grado de apuntamiento que la distribución *Normal* (**Z**) por lo que se trataría de una distribución **mesocúrtica**.

En este tipo de distribución, la altura del pico es moderada y las colas tienen un grosor similar a las de la distribución *Normal* (**Z**) lo que significa que la curva de la distribución muestral no es ni demasiado plana ni demasiado afilada, y las probabilidades de valores extremos son muy similares a las que encontraríamos en una distribución *Normal* (*Z*). Es debido a ello por lo que se considera a las *mesocúrticas* las distribuciones más similares a la *Normal* (*Z*).

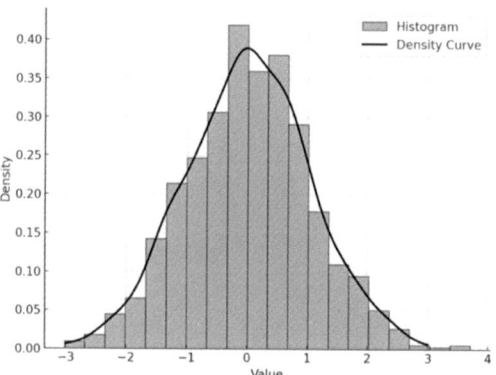

Figura 19. *Histograma de una distribución mesocúrtica.* El gráfico muestra una distribución con una forma bastante similar a la *Normal* (*Z*). Esta se caracteriza por presentar un pico central de altura moderada y colas de grosor similar a las de *Z*. La curva superpuesta representa la densidad de probabilidad ajustada a los datos, destacando las características típicas de una distribución con *curtosis* igual a cero, donde la concentración de valores y la presencia de datos extremos son comparables a los de una distribución *Normal* (*Z*).

Curtosis es menor a 0 (*Cu* < 0)

Si la *Curtosis* (*Cu*) es menor a 0, la distribución de la muestra es más plana que la distribución *Normal* (*Z*). Se diría, entonces, que la distribución es **platicúrtica**. A diferencia de las vistas anteriormente, en esta ocasión observamos un pico más bajo y unas colas más delgadas en comparación con una distribución *Normal* (Z).

Esto es debido a que los datos están más dispersos alrededor de la media, menos concentrados en el centro y con menor probabilidad de valores extremos. Las distribuciones *platicúrticas* son comunes en situaciones donde existe una gran diversidad de valores posibles.

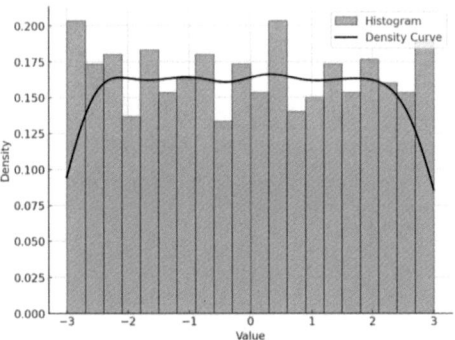

Figura 20. *Histograma de una distribución platicúrtica.* El gráfico que muestra un pico central bajo y colas más delgadas con respecto a una distribución *Normal* (Z). La curva superpuesta representa la densidad de probabilidad correspondiente a una distribución con *curtosis* negativa caracterizada por valores dispersos y pocos valores extremos.

Ejemplo 6. *Tiempo de recuperación de los pacientes sometidos a cirugía.* Supongamos que los gestores de un centro de especialidades quirúrgicas desean investigar si el tiempo de recuperación, tras un determinado procedimiento, sigue una distribución *Normal* (Z).

Para ello, los responsables planean analizar la variable X_i = *tiempo de recuperación* (en *días*) utilizando la *curtosis* (Cu).

Con el fin de responder a esta pregunta, han recopilado datos sobre el tiempo (en *días*) que tardaron en recuperarse completamente $n = 8$ pacientes.

Los pasos seguidos para llevar a cabo este estudio fueron los siguientes:

1. **Listar los valores de la variable y ordenar de menor a mayor:**

$$X_i = \{2, 4, 4, 4, 5, 5, 7, 9\}$$

2. **Determinar la media ($\bar{X}$):**

$$\bar{X} = \frac{\Sigma X_i}{N} = 5$$

3. **Calcular la desviación estándar (S):**

$$S = \sqrt{\frac{\Sigma(X_i - \bar{X})^2}{n - 1}} = \sqrt{\frac{32}{7}} = \sqrt{4{,}54} \approx 2{,}14$$

4. **Calcular la curtosis (Cu):**

   a. **Calcular la suma de las desviaciones elevadas a la cuarta potencia:**

$$\Sigma(X_i - \bar{X})^4 = (2 - 5)^4 + (4 - 5)^4 + (4 - 5)^4$$

$$+(4-5)^4 + (5-5)^4 + (5-5)^4 + (7-5)^4$$
$$+(9-5)^4 = 356$$

b. **Calcular la curtosis (Cu):**

$$Cu = \dfrac{\dfrac{\sum(X_i - \bar{X})^4}{n}}{S^4} - 3 = \dfrac{\dfrac{356}{8}}{2,24^4} - 3$$

$$Cu = \dfrac{44,5}{20,95} \approx 2,13$$

c. **Calcular la curtosis (Cu) ajustada:**

$$Cu = \dfrac{n \times \dfrac{\sum(X_i - \bar{X})^4}{n}}{(n-1)(n-2)(n-3)} - \dfrac{3(n-1)^2}{(n-2)(n-3)}$$

Para $n = 8$

$$Cu = \dfrac{8 \times 44,5}{(7)(6)(5)} - \dfrac{3(7)^2}{(6)(5)} = \dfrac{356}{210} - \dfrac{147}{30}$$

$$\approx 1,70 - 4.90 \approx -3,20$$

Solución: $Cu = -3,20$. La Cu es menor que 0 por lo tanto se trata de una distribución *platicúrtica*.

Esto significa que los datos están más dispersos alrededor de la media, con menos concentración de valores en el centro y menos probabilidades de encontrar valores extremos en comparación con una distribución *Normal* (Z).

Si representamos los datos del caso anterior en un *histograma* podría proporcionar una visualización más clara:

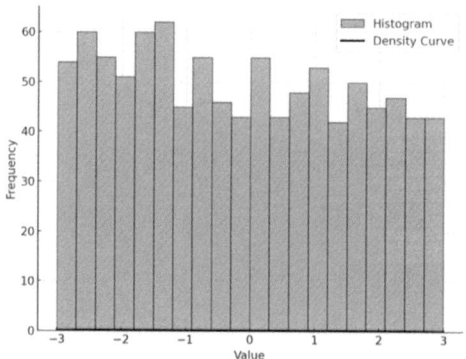

Figura 21. *Histograma de una distribución platicúrtica.* El gráfico muestra un pico central bajo y colas más delgadas en comparación con una distribución *Normal* (Z). La curva superpuesta representa la densidad de probabilidad correspondiente a una distribución con *curtosis negativa*, caracterizada por una dispersión de valores y una escasez de valores extremos.

4.2.3. Pruebas de contraste hipótesis

Aunque hemos visto varias técnicas para analizar la *normalidad* de un conjunto de datos, éstas tan son sólo son aproximaciones descriptivas que nos informan sobre cuánto se parece la muestra a una distribución *Normal* (Z). Sin embargo, la manera más precisa de conocer si los datos muestrales observados siguen una distribución *Normal* (Z) es mediante la realización de las conocidas como pruebas de contraste estadístico. Estas pruebas se basan en sencillos cálculos que permiten comprobar si la hipótesis —*en este caso, que la muestra se parezca a una distribución Normal* (Z)— pueda ser aceptada o, por el contrario, deba ser rechazada.

Entre las pruebas más utilizadas para verificar la normalidad de los datos, destacan las pruebas de bondad de ajuste, las cuales, como puede deducirse por su propio nombre, evalúan qué tan bien se ajustan los datos que hemos obtenido de la muestra a una distribución *Normal* (Z) teórica.

Dentro de este grupo nos centraremos en dos que se diferencian según el tamaño de la muestra. Por un lado, la prueba de *Shapiro-Wilk* es apropiada para evaluar la *normalidad* cuando el número de datos de la variable es inferior a $n = 50$. En cambio, la prueba de *Kolmogórov-Smirnov* resulta más apropiada cuando se desea verificar el ajuste de una muestra a una distribución *Normal (Z)* pero, esta vez, con un tamaño mayor a $n = 50$.

4.2.3.1. Prueba de Shapiro-Wilk (*W*)

La prueba de *Shapiro-Wilk* (*W*) consiste en comparar los valores observados en la muestra con los valores teóricos que seguiría una distribución *Normal* (Z). Mediante este test se pone a prueba la *hipótesis nula* (H_0) —*que sostiene que los datos muestrales siguen una distribución Normal* (Z)— contra la hipótesis alternativa (H_1)—*la cual postula que los datos no se distribuyen de esta forma*—.

Veamos un ejemplo de aplicación de la prueba de *Shapiro-Wilk* (W):

Ejemplo 7. *Tiempo de reacción en un experimento.* Se han recogido datos de los tiempos de reacción (*en segundos*) de $n = 20$ participantes en un experimento de Psicología.

Los investigadores desean evaluar con la prueba de *Shapiro-Wilk* (W) si estos valores de la variable $X_i =$ *Tiempo de reacción en un experimento* siguen o no una distribución *Normal* (Z).

Los datos recogidos son los siguientes:

$X_i = \{0.85, 0.89, 0.76, 0.93, 0.80, 0.85, 0.77, 0.94, 0.88, 0.81, 0.91, 0.79, 0.83, 0.82, 0.87, 0.90, 0.84, 0.86, 0.78, 0.92\}$

1. **Formular las hipótesis operativas:**

Hipótesis nula (H_0): Los datos del $X_i =$ *Tiempo de reacción en un experimento* siguen una distribución *Normal* (Z).

$$H_0 = Z(0,1)$$

Hipótesis alternativa (H_1): Los datos del $X_i =$ *Tiempo de reacción en un experimento* no siguen una distribución *Normal* (Z).

$$H_1 \neq Z(0,1)$$

De manera que el sistema de hipótesis quedaría configurado de la siguiente manera:

$$H_0 = Z(0,1)$$
$$H_1 \neq Z(0,1)$$

1. **Ordenar los valores de menor a mayor:**

$X_i = \{0.76, 0.77, 0.78, 0.79, 0.80, 0.81, 0.82, 0.83, 0.84,$ $0.85, 0.85, 0.86, 0.87, 0.88, 0.89, 0.90, 0.91, 0.92, 0.93,$ $0.94\}$

2. **Calcular el estadístico de la prueba (W):**

$$W = \frac{(\Sigma a_i \times X_i)^2}{\Sigma(X_i - \bar{X})^2}$$

a. Calcular la media $(\bar{X})$ y la desviación típica (S):

$$\bar{X} = \frac{\Sigma X_i}{N} = \frac{0.76 + 0.77 \dots + 0.94}{20} = 0{,}845$$

$$S = \sqrt{\frac{\Sigma(X_i - \bar{X})^2}{n-1}} = 0{,}055$$

b. Seleccionar los coeficientes a_i:

Para calcular el estadístico de la prueba (W) es necesario conocer los coeficientes (a_i) correspondientes a

$n = 20$. Los coeficientes para este caso se pueden consultar en la **Tabla 1.** Tabla de coeficientes (a_i) de Shapiro-Wilk (W) en la sección **Tablas.**

A continuación, se presentan los coeficientes a_i para este ejemplo:

a_i = {0.473, 0.343, 0.282, 0.233, 0.194, 0.162, 0.134, 0.109, 0.086, 0.064, −0.064, −0.086, −0.109, −0.134, −0.162, −0.194, −0.233, −0.282, −0.343, −0.473}

    c.   Calcular $\Sigma a_i \times X_i$:

$$\Sigma a_i \times X_i = 0{,}473 \times 0{,}76\ [\dots]\ + (-0{,}473) \times 0{,}94$$

$$\Sigma a_i \times X_i = 0{,}3598 + 0{,}26311 + [\dots] - 0{,}44462 = -0{,}21913$$

    d.   Calcular $\Sigma(X_i - \bar{X})^2$:

$$\Sigma(X_i - \bar{X})^2 = (0{,}76 - 0{,}85)^2 + [\dots] + (0{,}94 - 0{,}85)^2$$

$$\Sigma(X_i - \bar{X})^2 = 0{,}0081 + [\dots] + 0{,}008\ +\ 0{,}059$$

$$W = \frac{(\Sigma a_i \times X_i)^2}{\Sigma(X_i - \bar{X})^2} = \frac{(-0{,}21913)^2}{0{,}059} = 0{,}81$$

3. **Determinar el valor crítico:**

    a.   Encontrar el valor crítico de W: puede encontrar el valor crítico de W en la **Tabla 2.**

Tabla de valores críticos de *Shapiro-Wilk* (W) en la sección **Tablas**.

Antes de consultar la tabla se debe tener claro el nivel de significación (α), en este ejemplo, $\alpha = 0,05$ y $n = 20$. Tras consultar la tabla han obtenido un valor crítico de $W = 0,905$.

4. **Tomar la decisión**:

   a. Comparar el estadístico W calculado con el W crítico.

   W calculado $= 0,81 < W$ crítico $= 0,905$

   b. Tomar la decisión: dado que el estadístico calculado $W = 0,81$ es menor que el valor crítico $W = 0,905$, nos encontramos en la **región de aceptación** de la **hipótesis nula H_0**:

$$H_0 = Z(0,1)$$
$$H_1 \neq Z(0,1)$$

Solución: Con un nivel de confianza del 95%, hay evidencia suficiente para afirmar que la variable $X_i = $ *Tiempo de reacción en un experimento* sigue una distribución *Normal* (Z).

Por lo que ya sabemos se puede constatar que los valores del ejemplo anterior siguen una distribución *Normal (Z)*. Si los representamos en un *histograma* y en un gráfico *Q-Q* quedarían tal que así:

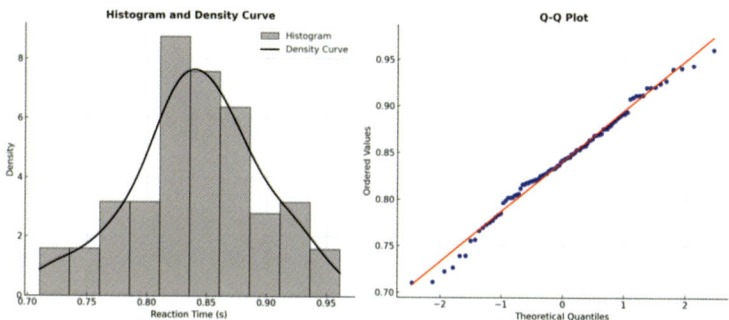

Figura 22. *Histograma y Q-Q plot de la variable Xi = Tiempo de reacción en un experimento.* El primer gráfico muestra un *histograma* con una forma *mesocúrtica* mientras que el *Q-Q* plot muestra una distribución muy alineada con la línea de ajuste, lo que es indicativo de *normalidad*.

Hagamos ahora un ejercicio de imaginación y supongamos que el estadístico de la prueba *W* fuera mayor que el valor crítico. A diferencia del supuesto anterior, en este caso nos encontraríamos en la necesidad de tener que **rechazar H_0 y aceptar H_1**. En consecuencia, el resultado de la prueba sería:

Hipótesis nula (H_0): Los datos del $X_i = $ *Tiempo de reacción en un experimento* siguen una distribución *Normal (Z)*

$$H_0 = Z(0,1)$$

Hipótesis alternativa (H_1): Los datos del X_i = *Tiempo de reacción en un experimento* no siguen una distribución *Normal* (*Z*)

$$H_1 \neq Z(0,1)$$

De manera que concluiríamos:

$$H_0 = Z(0,1)$$
$$\boldsymbol{H_1 \neq Z(0,1)}$$

En definitiva, rechazaremos la hipótesis nula (H_0) aceptando como válida la hipótesis alternativa H_1 o lo que es lo mismo que los datos de la variable X_i = *Tiempo de reacción en un experimento* no se distribuyen de forma *Normal* (*Z*).

4.2.3.2. Prueba de Kolmogórov-Smirnov (*KS*)

Al igual que la anterior, la prueba de *Kolmogórov-Smirnov* (*KS*) evalúa si la muestra de datos observados se ajusta a una distribución *Normal* teórica (*Z*). La principal diferencia con respecto a la de *Shapiro-Wilk* (*W*) es, como señalamos anteriormente, que se aplica a distribuciones con un tamaño muestral superior a $n = 50$.

Veamos cómo se calcula con un ejemplo:

Ejemplo 8. *Índice de masa corporal (Kg/m²).* Se ha recopilado un conjunto de datos que representa el índice de

188

masa corporal (IMC) de $n = 50$ individuos de una población urbana. El objetivo es determinar si los valores del $X_i = \text{Índice}$ *de masa corporal* siguen una distribución *Normal* (Z).

Los datos recopilados son los siguientes:

$X_i = \{22.1, 25.5, 29.3, 26.8, 23.7, 27.6, 31.2, 24.9, 28.5, 26.1,$
$22.8, 26.4, 30.1, 25.3, 29.7, 27.2, 24.5, 28.9, 26.7, 23.9, 27.8,$
$31.5, 24.3, 28.2, 26.0, 22.5, 26.9, 30.3, 25.7, 29.1, 22.3, 25.1,$
$28.6, 27.4, 23.5, 27.9, 30.8, 24.7, 28.3, 26.5, 22.6, 26.2, 30.5,$
$25.9, 29.4, 27.0, 24.2, 28.7, 26.3, 23.8\}$

1. **Formular las hipótesis operativas:**

   Hipótesis nula (H_0): Los datos del $X_i = \text{Índice de}$ *masa corporal* siguen una distribución *Normal* $Z(0,1)$

   $$H_0 = Z(0,1)$$

   Hipótesis alternativa (H_1): Los datos del $X_i = \text{Índice}$ *de masa corporal* no siguen una distribución *Normal* $Z(0,1)$

   $$H_1 \neq Z(0,1)$$

   Por lo tanto, la prueba de *KS* deberá responder al siguiente sistema de hipótesis:
   $$H_0 = Z(0,1)$$
   $$H_1 \neq Z(0,1)$$

Lo que significa que:

$$H_0 : F(X) = F_s(X)$$
$$H_1 : F(X) \neq F_s(X)$$

2. **Seleccionar del nivel de significación**: se utiliza $\alpha = 0.05$ o $\alpha = 0.01$ dependiendo del rigor exigido.

3. **Calcular el estadístico de la prueba _KS_:**

   a. Calcular la media (μ) y la desviación típica (σ):

   $$\mu = \frac{\Sigma X_i}{N} = \frac{22,1 + 22,5 \ldots + 23,8}{30} = 26,97$$

   $$\sigma = \sqrt{\frac{\Sigma (X_i - \mu)^2}{n - 1}} = 1,86$$

   b. Obtener la función de Distribución Acumulada Empírica (ECDF):

   • _Ordenar los valores originales:_

Valores originales:

$X_i = \{22.1, 25.5, 29.3, 26.8, 23.7, 27.6, 31.2, 24.9, 28.5,$

$26.1, 22.8, 26.4, 30.1, 25.3, 29.7, 27.2, 24.5, 28.9, 26.7,$

$23.9, 27.8, 31.5, 24.3, 28.2, 26.0, 22.5, 26.9, 30.3, 25.7,$

29.1, 22.3, 25.1, 28.6, 27.4, 23.5, 27.9, 30.8, 24.7, 28.3, 26.5, 22.6, 26.2, 30.5, 25.9, 29.4, 27.0, 24.2, 28.7, 26.3, 23.8}

Valores ordenados:

X_i ={22.1,22.3,22.5,22.6,22.8,23.5,23.7,23.8,23.9,24.2,24.3,24.5,24.7,24.9,25.1,25.3,25.5,25.7,25.9,26.0,26.1,26.2,26.3,26.4,26.5,26.7,26.8,26.9,27.0,27.2,27.4,27.6,27.8,27.9,28.2,28.3,28.5,28.6,28.7,28.9,29.1,29.3,29.4,29.7,30.1,30.3,30.5,30.8,31.2,31.5}

c. Calcular la ECDF para cada valor: la ECDF en un punto X_i es el número de observaciones menores o iguales a X_i dividido por el tamaño muestral (n).

$$F_n(X_i) = \frac{Número\ de\ observaciones\ \leq X_i}{n}$$

Donde,

$n = 50$

Para que se familiarice con el cálculo de la ECDF consideraremos sólo los dos primeros datos de la muestra. Pero recuerde que este proceso debe realizarse con todos y cada uno de los valores de la variable $X_i = $ *Índice de masa corporal*:

Para $X_1 = 22,1$

$$F_n(22,1) = \frac{1}{50} = 0,02$$

Para $X_2 = 22,3$

$$F_n(22,3) = \frac{2}{50} = 0,04$$

En la siguiente tabla se presenta el cálculo de la ECDF con todos los valores variable $X_i = $ *Índice de masa corporal*:

Valor X_i	ECDF $F_n(X_i)$	Valor X_i	ECDF $F_n(X_i)$
22,1	0,02	26,9	0,56
22,3	0,04	27,0	0,58
22,5	0,06	27,2	0,60
22,6	0,08	27,4	0,62
22,8	0,10	27,6	0,64
23,5	0,12	27,8	0,66
23,7	0,14	27,9	0,68
23,8	0,16	28,2	0,70

23,9	0,18	**28,3**	0,72
24,2	0,20	**28,5**	0,74
24,3	0,22	**28,6**	0,76
24,5	0,24	**28,7**	0,78
24,7	0,26	**28,9**	0,80
24,9	0,28	**29,1**	0,82
25,1	0,30	**29,3**	0,84
25,3	0,32	**29,4**	0,86
25,5	0,34	**29,7**	0,88
25,7	0,36	**30,1**	0,90
25,9	0,38	**30,3**	0,92
26,0	0,40	**30,5**	0,94
26,1	0,42	**30,8**	0,96
26,2	0,44	**31,2**	0,98
26,3	0,46	**31,5**	1,00
26,4	0,48		
26,5	0,50		
26,7	0,52		
26,8	0,54		

d. Calcular la Función de Distribución Acumulada Esperada (CDF): la CDF es la probabilidad acumulada teórica de observar un valor igual o menor que cada valor de la muestra.

$$F(X) = \frac{1}{2} \left[1 + erf\left(\frac{x - \mu}{\sigma\sqrt{2}}\right)\right]$$

Donde,

$F(x)$ = Probabilidad acumulada de observar un valor igual o menor que X

erf = Función de error

μ = Media de la distribución *Normal*

σ = Desviación estándar de la distribución *Normal*

Como ejemplo, le proponemos el cálculo de la CDF para los dos primeros datos de la muestra. Al igual que la ECDF, este proceso debe realizarse con cada valor de la variable X_i:

Para $X_1 = 22{,}1$

$$F(X) = \frac{1}{2} \left[1 + erf\left(\frac{22{,}1 - 26{,}97}{1{,}86\sqrt{2}}\right)\right] \approx 0{,}014$$

Para $X_2 = 22{,}3$

$$F(X) = \frac{1}{2} \left[1 + erf\left(\frac{22{,}3 - 26{,}97}{1{,}86\sqrt{2}}\right)\right] \approx 0{,}021$$

Los resultados de la CDF se presentan en la siguiente tabla:

Valor X_i	CDF $F(X_i)$	Valor X_i	CDF $F(X_i)$
22,1	0,014	26,8	0,246
22,5	0,021	26,9	0,255
22,8	0,031	27,2	0,278
23,7	0,055	27,6	0,307
23,9	0,064	27,8	0,321
24,3	0,083	28,2	0,352
24,5	0,093	28,5	0,378
24,9	0,114	28,9	0,410
25,3	0,137	29,1	0,429
25,5	0,150	29,3	0,448
25,7	0,163	29,7	0,482
26,0	0,182	30,1	0,515
26,1	0,191	30,3	0,535
26,4	0,214	31,2	0,614
26,7	0,237	31,5	0,639

e. Calcular el estadístico de la prueba de *Kolmogórov-Smirnov* (**KS**):

El estadístico se calcula tomando la mayor diferencia absoluta entre la CDF empírica, obtenida de la muestra, y la CDF teórica, que corresponde a la distribución *Normal* (*Z*). Esto se expresa mediante la siguiente fórmula:

$$D_n = max \mid F_s \, (X) - F(X)$$

Donde,

$F_s \, (X)$ = Función de la distribución empírica

$F(X)$ = Función de la distribución teórica

En la siguiente tabla se resumen los cálculos de la *diferencia absoluta máxima:*

Valor X_i	ECDF $F_n(X_i)$	CDF $F \, (X_i)$	Diferencia absoluta $Fs \, (X) - F(X)$
22,1	0,033	0,014	0,019
22,5	0,067	0,021	0,046
22,8	0,100	0,031	0,069
23,7	0,133	0,055	0,078
23,9	0,167	0,064	0,103
24,3	0,200	0,083	0,117

24,5	0,233	0,093	0,140
24,9	0,267	0,114	0,153
25,3	0,300	0,137	0,163
25,5	0,333	0,150	0,183
25,7	0,367	0,163	0,204
26,0	0,400	0,182	0,218
26,1	0,433	0,191	0,242
26,4	0,467	0,214	0,253
26,7	0,500	0,237	0,263
26,8	0,533	0,246	0,287
26,9	0,567	0,255	0,312
27,2	0,600	0,278	0,322
27,6	0,633	0,307	0,326
27,8	0,667	0,321	0,346
28.2	0,700	0,352	0,348
28,5	0,733	0,378	0,355
28,9	0,767	0,410	0,357
29,1	0.800	0,429	0,371
29,3	0,833	0,448	0,385
29,7	0,867	0,482	0,385

30,1	0,900	0,515	0,385
30.3	0,933	0,535	**0,398***
31.2	0,967	0,614	0,353
31.5	1,000	0,639	0,361

Si observamos con atención, la última columna muestra la diferencia absoluta máxima. Al revisar dicha columna, podemos detectar que la mayor diferencia se encuentra en la antepenúltima fila señalada con asterisco, con un valor de $D_n = 0,398$, que corresponde al estadístico de la prueba de *Kolmogórov-Smirnov* (*KS*) que estábamos buscando.

4. **Determinar el valor crítico**: puede encontrar el valor crítico de *KS* en la **Tabla 3.** Tabla de valores críticos de *Kolmogórov-Smirnov* (*KS*) en la sección **Tablas.**

    Recuerde que para determinar el valor crítico debe tener en cuenta que el nivel de significación es de $\alpha = 0,05$ y el tamaño muestral es de $n = 50$. Hecha la consulta de la **Tabla 3** se concluye con que el valor crítico para $\alpha = 0,05$ y $n = 50$ es de aproximadamente $KS = 0,192$.

5. **Tomar la decisión**:

    a. Comparar el estadístico calculado con el valor crítico:
    $$D_n = 0,398 > KS = 0,192$$

b. Tomar la decisión: dado que el estadístico calculado $D_n = 0,398$ es superior al valor crítico $KS = 0,192$, nos encontramos en la **región de rechazo de la hipótesis nula (H_0)** y, por lo tanto, debemos **aceptar la hipótesis alternativa (H_1).**

$$H_0 = N(0,1)$$
$$\mathbf{H_1 \neq N(0,1)}$$

Solución: Con un nivel de confianza del 95%, existe suficiente evidencia para afirmar que los datos de la distribución de la variable $X_i = $ *Índice de masa corporal* no siguen una distribución *Normal (Z)*. El resultado se representa en el siguiente gráfico:

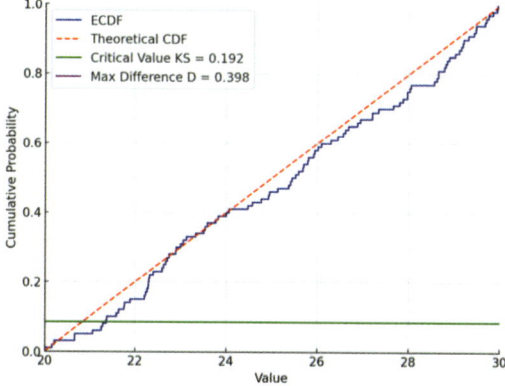

Figura 23. *Prueba de Kolmogórov-Smirnov.* El gráfico de *Kolmogórov-Smirnov* compara la función de distribución empírica acumulada (ECDF) de los datos con la función de distribución acumulada teórica (CDF) de una distribución *Normal*. En el gráfico, las líneas grises discontinuas muestran la diferencia entre la ECDF y la CDF en

cada valor de X_i. La línea verde horizontal representa el valor crítico para $\alpha = 0,05$, aproximadamente $KS = 0,192$. La mayor diferencia observada entre la ECDF y la CDF es $D_n = 0,398$ siendo ésta superior al valor crítico. Este resultado nos lleva a rechazar la hipótesis nula H_0, concluyendo que los datos no siguen una distribución *Normal* (Z).

En resumen, la forma más precisa de determinar si un conjunto de datos sigue una distribución *Normal* (Z) es mediante pruebas de ajuste como *Shapiro-Wilk* (W) o *Kolmogórov-Smirnov* (KS). Si, al aplicar estas pruebas, aceptamos la hipótesis nula (H_0), podemos concluir que los datos se ajustan a una distribución *Normal* (Z), y podemos usar la **estadística paramétrica**.

Este tipo de análisis nos permite estudiar relaciones o incluso establecer posibles causas entre las variables del estudio y, además, ofrece un mayor poder para detectar patrones, al basarse en parámetros como la media y la desviación típica.

Por otro lado, si tras realizar la prueba de bondad de ajuste rechazamos la hipótesis nula (H_0) y aceptamos la alternativa (H_1), debemos concluir que los datos no siguen una distribución *Normal* (Z). En este caso, es necesario recurrir a métodos de **estadística no paramétrica**. Aunque estas técnicas tienen un poder estadístico algo menor, tienen la ventaja de que no requieren que asumamos que los datos sigan una distribución *Normal* (Z), lo que las hace ideales cuando nos encontramos ante casos en los que los datos no cumplen con el supuesto de *normalidad*.

Resumen

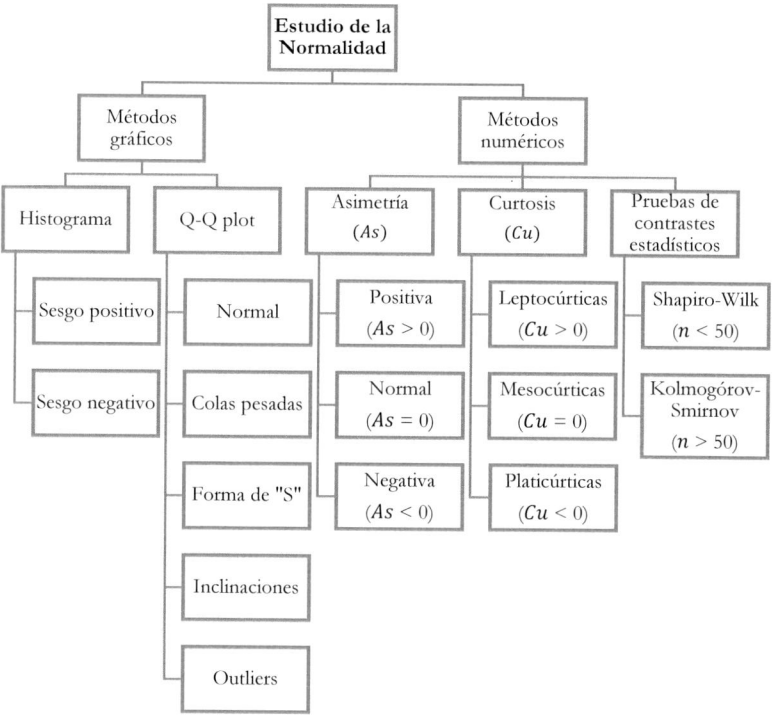

Esquema 1. *El estudio de la Normalidad de los datos.* La Normalidad se puede analizar de dos formas mediante métodos gráficos y numéricos. Los primeros los constituyen los histogramas que revelan la existencia de sesgos positivos o negativos, y los *Q-Q plots*, que pueden demostrar distribuciones normales, colas pesadas, formas de "S", inclinaciones y *outliers,* entre otros. Los métodos numéricos incluyen la *asimetría* (positiva, normal o negativa) y la *curtosis* (leptocúrtica, mesocúrtica o platicúrtica). A ello cabe sumar, las pruebas de contrastes estadísticos como la de *Shapiro-Wilk,* para muestras pequeñas, y la de *Kolmogórov-Smirnov* en caso de muestras grandes.

CAPÍTULO 5.
La relación de *asociación* entre los datos

Hasta ahora, nos hemos afanado en definir la pregunta de investigación, repasado algunas estrategias para resumir los datos, tanto gráficamente como con números, y explicado un conjunto de técnicas para verificar si la muestra cumple o no con la *normalidad*.

Sin embargo, muchas veces, como investigadores, lo que realmente queremos es entender cómo se relaciona una variable con otra al mismo tiempo. En este capítulo, exploraremos los métodos que nos permiten investigar esa relación entre dos fenómenos. Este tipo de análisis forma parte de lo que se llama **estadística bivariante**, que engloba un conjunto de técnicas que nos ayudan a describir y cuantificar la intensidad de la relación entre dos variables.

Aunque estos métodos no nos permiten estudiar las relaciones de causa y efecto —*eso lo lograremos más adelante con la inferencia estadística que abordaremos en el próximo capítulo*— sí nos permiten hacer predicciones sobre cómo podría variar una variable en función de los cambios en la otra. Para estudiar la asociación entre dos variables numéricas, contamos con dos enfoques que suelen complementarse bien: por un lado, la visualización *gráfica*, y por el otro, el análisis *numérico*.

5.1. Método gráfico

5.1.1. Gráfico de dispersión

El **diagrama de dispersión**, también conocido como *scatter plot*, es una de las herramientas más populares para representar visualmente la asociación entre dos variables. Para construirlo, se asigna una variable al eje horizontal, generalmente la variable independiente (X_i), y la otra al eje vertical, que suele ser la variable dependiente (Y_i).

Luego, cada individuo se representa mediante un punto, cuya posición se determina por la intersección de los valores de ambas variables. Para entender mejor cómo se construye el diagrama de dispersión veamos el siguiente ejemplo:

Ejemplo 1. *El movimiento de flexión de hombro está fuertemente asociado a la intensidad de dolor.* En un estudio que analiza la relación entre la intensidad del dolor (X_i) y el rango de movimiento de flexión (Y_i) en $n = 100$ pacientes con dolor crónico de hombro, se empleó un diagrama de dispersión para evidenciar visualmente una posible relación de asociación.

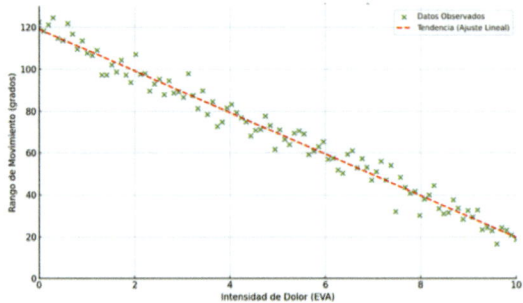

Figura 1. *Relación entre la intensidad de dolor y el rango de movimiento de flexión de hombro.* El gráfico de dispersión muestra la relación entre la intensidad del dolor, medida en la escala visual analógica (EVA), y el rango de movimiento de flexión de hombro, medido en grados, en una muestra de $n = 100$ pacientes. Cada punto en el gráfico representa a un paciente con sus respectivos valores de intensidad del dolor (X_i) y rango de movimiento (Y_i).

En el gráfico, cada punto representa a un paciente con dolor crónico de hombro. La posición de cada punto es el resultado de la *intensidad del dolor* que experimenta el paciente, medida en la escala EVA (de **0** a **10**) —en el eje horizontal X_i— y el *rango de movimiento de flexión del hombro* —en el eje vertical Y_i— que es capaz de realizar, expresado en grados.

Aunque no hay un consenso absoluto sobre su interpretación, se sugiere seguir un conjunto de pasos que describiremos a continuación:

1. **Identificar las variables**: antes de comenzar con el análisis, es clave identificar cuál de las variables es la *independiente* y cuál es la *dependiente*, ya que se colocarán en los ejes horizontal y vertical del diagrama de dispersión, respectivamente. Saber esto es fundamental para poder interpretar correctamente los resultados más adelante.

2. **Visualizar la *forma* de la distribución de los datos**: a continuación, debemos echar un vistazo a cómo están distribuidas las observaciones en el gráfico y ver si podemos encontrar algún patrón o agrupación diagonal de los datos. Si no hay nada que resaltar, también podemos concluir que están distribuidos de manera aleatoria.

3. **Evaluar cuál es la *dirección* de la nube de puntos**: basándonos en la *dirección* de la nube de

puntos, evaluaremos si entre las variables existe una relación *positiva* o *negativa*. Para analizar esta dirección, debe tener en cuenta lo siguiente:

a. Si la nube de puntos muestra una tendencia *creciente de izquierda a derecha*, la asociación se considera **positiva**. Esto significa que, a medida que los valores de una variable aumentan, los de la otra también tienden a incrementarse.

A continuación, puede observar en este diagrama de dispersión un ejemplo de relación *positiva*:

Ejemplo 2. *La cantidad de horas de ejercicio semanal está fuertemente asociada con el bienestar general.* En un estudio que analiza la relación entre las X_i = *horas de ejercicio semanal* y la Y_i = *puntuación de bienestar* en $n = 100$ participantes, se empleó un diagrama de dispersión para visualizar su asociación.

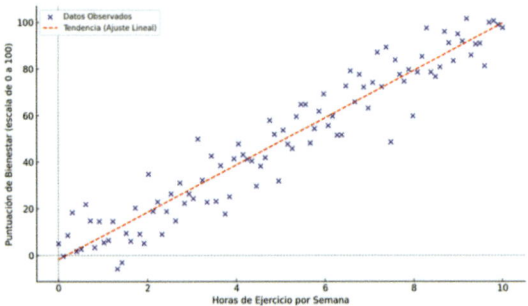

Figura 2. *Relación entre las horas de ejercicio semanal y bienestar.* El gráfico de dispersión muestra una correlación *positiva* entre las horas de ejercicio por semana y la puntuación de bienestar en una escala de 0 a 100, basado en una muestra de $n = 100$ participantes. Cada punto en el gráfico representa a un individuo, con las horas de ejercicio semanal en el eje X_i y la puntuación de bienestar en el eje Y_i. Si nos fijamos en la nube de puntos se observa una clara tendencia ascendente, lo

208

que indica que a medida que aumentan las horas de ejercicio también aumenta la puntuación de bienestar. Este patrón sugiere una asociación positiva entre las dos variables, destacando que un mayor nivel de actividad física se asocia con un mejor estado de bienestar.

b. Si la nube de puntos presenta una tendencia *decreciente de izquierda a derecha*, se considera que hay una asociación **negativa**. Esto significa que, a medida que los valores de una variable aumentan, los de la otra tienden a disminuir y viceversa.

Aquí tiene un ejemplo de diagrama de dispersión en el que se representa este tipo de relación:

Ejemplo 3. Las horas de sueño por la noche están fuertemente asociadas con el nivel de estrés. En un estudio que analiza la relación entre las X_i = *horas de sueño* y el Y_i = *nivel de estrés* en $n = 100$ sujetos, se empleó el siguiente diagrama de dispersión para representar esta asociación.

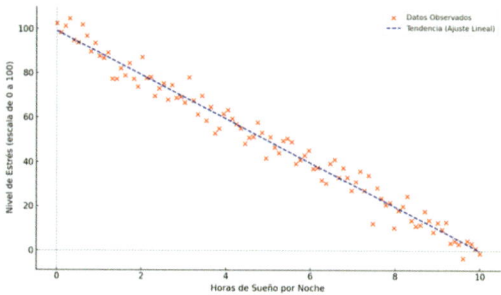

Figura 3. *Relación entre las horas de sueño y el nivel de estrés.* En este gráfico de dispersión se puede apreciar una correlación *negativa* entre las horas de sueño nocturno y el nivel de estrés en una muestra de $n = 100$ sujetos. Cada punto en

el gráfico representa a un individuo, con las horas de sueño en el eje X_i y el nivel de estrés en el eje Y_i. Se observa una nube de puntos claramente descendente lo que es expresivo de que a medida que aumentan las horas de sueño, el nivel de estrés tiende a disminuir. Este patrón sugiere la existencia de una correlación *negativa* entre las dos variables. Así, una mayor cantidad de sueño se asocia con un menor nivel de estrés.

4. **Examinar la *fuerza* de la relación:** el cuarto paso consiste en observar si los puntos están agrupados alrededor de una línea diagonal imaginaria, conocida como **recta de ajuste**. Esta línea representa cómo sería la relación si las dos variables estuvieran perfectamente relacionadas.

   Hay dos situaciones que podemos encontrar en relación con la fuerza de esta asociación:

   a. Si vemos que hay una *mayor concentración* de puntos cerca de la recta de ajuste, eso indica que existe una *relación más fuerte* entre las variables. De hecho, si los datos se alinean perfectamente sobre esta línea, podríamos afirmar que hay una **correlación perfecta** entre ambas variables aunque esto, dicho sea de paso rara vez sucede.

Vea el siguiente ejemplo:

Ejemplo 4. *La ingesta de calorías diaria está perfectamente asociada con el aumento de peso.* En un estudio que analiza la relación entre la X_i = *ingesta de calorías* y el Y_i = *aumento de peso* en $n = 100$ individuos, se empleó un diagrama de dispersión para explorar esta relación.

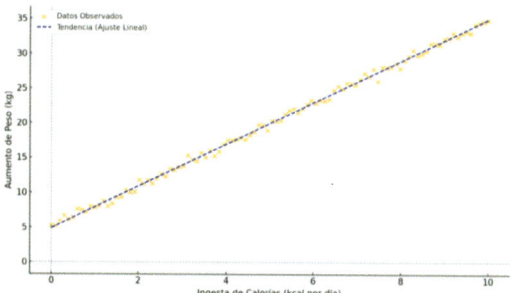

Figura 4. *Relación entre la ingesta de calorías y aumento del peso.* El gráfico de dispersión muestra una correlación *perfecta* entre la ingesta de calorías, medida en kilocalorías por día, y el aumento de peso, medido en kilogramos, basado en una muestra de $n = 100$ individuos. Cada punto en el gráfico representa a un paciente, con la ingesta de calorías en el eje X_i y la ganancia de peso en el eje de las Y_i. Observamos una línea recta ascendente que habla en favor de una relación lineal perfecta en la que cada incremento en la ingesta de calorías se asocia con un aumento proporcional del peso.

   b. Por otro lado, si la nube de puntos está bastante *dispersa*, eso significa que la asociación entre las variables es *más débil*. Si los puntos no tienen ninguna orientación diagonal y parecen estar distribuidos totalmente al azar, podemos concluir que la fuerza de correlación es **nula**.

Lea con atención el siguiente ejemplo:

Ejemplo 5. *El consumo de agua diario no está relacionado con el nivel de estrés.* En un estudio que analiza la relación entre el $X_i = $ *consumo de agua* y la $Y_i = $ *puntuación de estrés* en $n = 100$ individuos, se utilizó un diagrama de dispersión para representar la asociación.

211

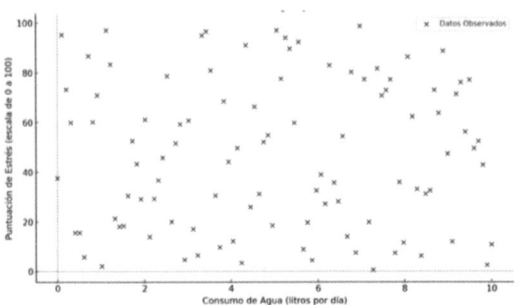

Figura 5. *Relación entre el consumo de agua y puntuación de estrés.* El gráfico de dispersión muestra una relación nula entre el consumo de agua, medido en litros por día, y la puntuación de estrés, en una escala de 0 a 100, basado en una muestra de $n = 100$ individuos. Cada punto en el gráfico representa a un sujeto, con el consumo de agua en el eje X_i y la puntuación de estrés en el eje Y_i. Se observa una distribución aleatoria de los puntos sin una tendencia clara, lo que indica que no hay una relación significativa entre la cantidad de agua consumida y el nivel de estrés. Este patrón sugiere una correlación muy débil o inexistente entre las dos variables, lo que significa que el consumo de agua no parece estar relacionado con el nivel de estrés de los individuos en esta muestra.

5. **Identificar los valores atípicos o *outliers*:** Este paso consiste en buscar los valores que se salen del patrón general de dispersión. La presencia de estos valores atípicos puede afectar bastante nuestra interpretación de la relación entre las variables, y, además, es importante investigar su origen y cómo pueden impactar en nuestro análisis.

Preste atención al ejemplo siguiente:

Ejemplo 6. El consumo de azúcar diario está relacionado con los niveles de glucosa en sangre. En un estudio que analiza la relación entre el $X_i = $ *consumo de azúcar* y el $Y_i = $ *nivel de glucosa* en $n = 100$ personas, se empleó un *scatter* plot para representar la asociación.

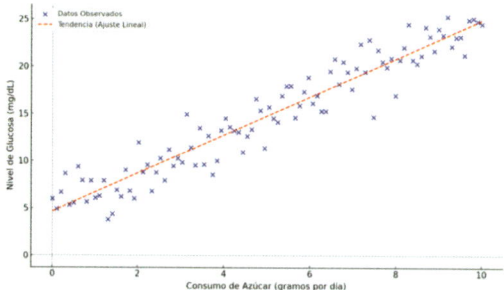

Figura 6. *Relación entre el consumo de azúcar y nivel de glucosa.* El gráfico de dispersión muestra la relación entre el consumo de azúcar, medido en gramos por día, y el nivel de glucosa, medido en mg/dL, con una muestra de $n = 100$ individuos y varios valores atípicos (*outliers*). Cada punto en el gráfico representa a un individuo, con el consumo de azúcar en el eje X_i y el nivel de glucosa en el eje Y_i. Aunque se observa una tendencia general ascendente que sugiere una correlación positiva, varios puntos se alejan significativamente del patrón principal. Estos *outliers*, situados a niveles altos y bajos de glucosa para cantidades de azúcar relativamente bajas, pueden influir en la interpretación de la relación entre las variables y podrían requerir una investigación adicional para comprender su origen y posible impacto en el análisis.

6. **Considerar variables adicionales**: Pero el análisis no termina aquí. Siempre debemos tener en cuenta otras variables que puedan influir en la relación que estamos observando en el *scatter plot*. Una tercera variable puede actuar como un factor de confusión, alterando nuestra interpretación de la asociación que deseamos representar.

Lea con atención el siguiente ejemplo:

Ejemplo 7. El consumo de alcohol semanal está relacionado con la salud hepática. En un estudio que analiza la relación entre el X_i = *consumo de alcohol* y la Y_i = *salud hepática* en $n = 100$ pacientes se utilizó el siguiente diagrama de dispersión para representar los resultados de los participantes del grupo C y del grupo D.

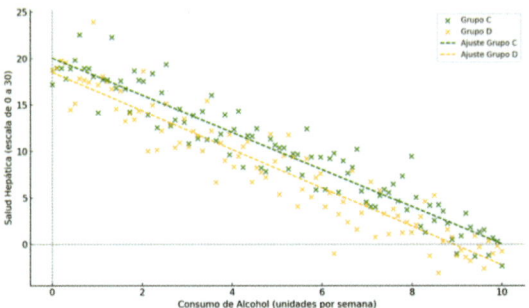

Figura 7. *Relación entre el consumo de alcohol y salud hepática.* El gráfico de dispersión muestra la relación entre el consumo de alcohol, medido en unidades por semana, y la salud hepática, en una escala de 0 a 30, con una muestra de $n = 100$ individuos divididos en dos categorías: Grupo C y Grupo D. Cada punto en el gráfico representa a un individuo, con el consumo de alcohol en el eje X_i y la salud hepática en el eje Y_i. Los puntos verdes representan al Grupo C, mientras que los puntos amarillos representan al Grupo D. Se observa una tendencia general descendente en ambos grupos, sugiriendo una asociación *negativa* entre el consumo de alcohol y la salud hepática, lo que se traduce en que, a mayor consumo de alcohol, peor es la salud hepática. Sin embargo, hay varios valores atípicos (*outliers*) que se alejan significativamente del patrón principal y que afectan solamente al Grupo C.

Visto lo anterior resumimos, a continuación, en la **Tabla 1**, los pasos que, a nuestro juicio, no pueden faltar al analizar un diagrama de dispersión:

214

Fases	Procedimiento
Identificar las variables	Comprender las variables en los ejes del gráfico para una correcta interpretación.
Visualizar la *forma* de la distribución	Observar la disposición de los puntos, identificar patrones o si están distribuidos aleatoriamente.
Evaluar la *dirección* de la nube de puntos	Determinar si la relación entre las variables es positiva o negativa.
Examinar la *fuerza* de la distribución	Verificar cuán agrupados están los puntos alrededor de la línea de ajuste para evaluar la fortaleza de la relación.
Identificar valores atípicos (*outliers*)	Detectar puntos que se alejan del patrón general, que pueden afectar a la interpretación.
Considerar variables adicionales	Evaluar si existen otras variables que puedan influir en la relación observada, considerando posibles factores de confusión.

Tabla 1. *Resumen de los pasos para el método de análisis gráfico de un diagrama de dispersión* (*scatter plot*). En la tabla se recogen los pasos a seguir a la hora de analizar los gráficos de dispersión. Esto abarca la identificación de variables, visualización de la distribución, evaluación de la dirección y fuerza de la relación, identificación de valores atípicos y la consideración de variables adicionales que podrían influir en la relación observada.

5.2. Método numérico

5.2.1. Coeficiente de correlación lineal de Pearson (*r*)

Pero, además de por su aspecto, la asociación entre dos variables numéricas puede cuantificarse mediante un índice numérico desarrollado por el inglés Karl Pearson y publicado por primera vez en 1895. Este índice, conocido como **coeficiente de correlación lineal de Pearson** (r) en su honor, calcula la fuerza y dirección de la relación lineal entre dos variables continuas.

El coeficiente r varía entre $r = -1$ y $r = 1$, donde $r = -1$ indicaría una correlación *negativa perfecta*, $r = 1$ indicaría una correlación *positiva perfecta* y $r = 0$ expresaría la inexistencia de correlación lineal entre las variables en estudio. Esto quiere decir que un coeficiente cercano a $r = -1$ o $r = 1$ denota una relación más fuerte, mientras que un coeficiente cercano a 0 indicaría una relación más débil. Preste atención a que el signo positivo o negativo que aparece antes del coeficiente representa la dirección de la correlación y no, como podría parecer, la intensidad de la misma.

De lo anterior se deduce que cuando el coeficiente de correlación (r) es *positivo*, significa que la correlación entre las variables es directa o positiva. En pocas palabras, a medida que aumenta una variable, también aumenta la otra. Sin embargo, si el coeficiente de correlación fuese *negativo* no indicaría que no existe relación, sino que las variables se correlacionan de forma inversa o *negativa*. Esto es, que al aumentar el valor de una variable, la otra variable tiende a disminuir.

Por eso insistimos en la idea fundamental de que un coeficiente de correlación lineal negativo no refleja la falta de relación entre las variables, sino que indica la presencia de una relación inversa entre ellas.

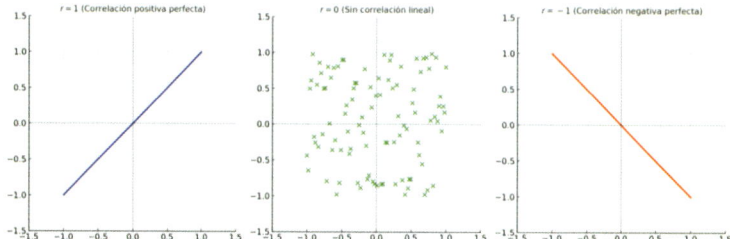

Figura 8. *Comparación entre tres gráficos de dispersión con distinta fuerza de correlación.* El primer gráfico a la izquierda ilustra una correlación positiva perfecta ($r = 1$), en la que los puntos se superponen a una línea recta ascendente, indicando que ambas variables aumentan o disminuyen al mismo tiempo. El gráfico central muestra una ausencia de correlación ($r = 0$), con puntos dispersos aleatoriamente sin ningún patrón claro, reflejando que no hay relación lineal entre las variables. Por último, el gráfico a la derecha representa una correlación negativa perfecta ($r = -1$). En él vemos cómo se alinean en una línea recta descendente, y esto sucede cuando una variable disminuye a medida que aumenta la otra.

Como hemos mencionado anteriormente, el coeficiente r es un buen indicador de la magnitud de la asociación entre dos variables cualesquiera. No obstante, en ocasiones puede resultar difícil de interpretar, especialmente cuando la correlación no es ni perfecta ni nula. De hecho, en la mayoría de los casos, la fuerza de correlación tiende a tener un valor intermedio, indicando debilidad si se acerca a $r = 0$ o fortaleza si se aproxima a $r = -1$ o $r = 1$.

Veamos como ejemplo la siguiente figura en la que se representan las distintas formas que puede adoptar un diagrama de dispersión en función de la fuerza y dirección de la asociación:

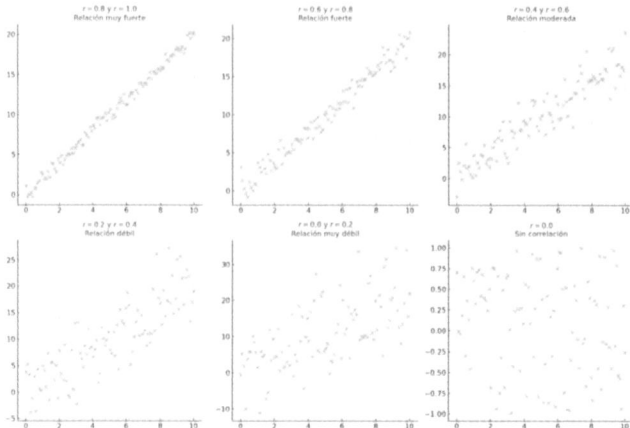

Figura 9. *Interpretación del coeficiente de correlación lineal de Pearson (r).* La imagen muestra seis gráficos de dispersión que ilustran diferentes niveles de correlación lineal de Pearson (*r*). Desde la izquierda hacia la derecha y de arriba hacia abajo, los gráficos representan correlaciones que van desde muy fuerte (r entre + 0.8 y + 1.0), fuerte (*r* entre + 0.6 y + 0.8), moderada (*r* entre + 0.4 y + 0.6), débil (*r* entre + 0.2 y +0.4), muy débil (*r* entre + 0.0 y + 0.2), hasta nula (*r* = 0). Los puntos en los gráficos con correlaciones más altas se alinean más cerca de una recta imaginaria de ajuste, indicando una relación lineal más fuerte entre las variables. En contraste, los diagramas de dispersión con correlaciones más bajas muestran puntos dispersos sin una tendencia clara, reflejando una relación lineal más débil o inexistente.

En la tabla que aparece a continuación se representan los límites de referencia para interpretar el coeficiente de correlación lineal de Pearson (r) que, recordémoslo una vez más, describe la fuerza y dirección de la asociación entre dos variables:

Interpretación del coeficiente de correlación lineal de Pearson (r)
$r = \pm\, 0.8$ y $r = \pm\, 1.0$ se considera una relación lineal muy fuerte
$r = \pm\, 0.6$ y $r = \pm\, 0.8$ se considera una relación lineal fuerte
$r = \pm\, 0.4$ y $r = \pm\, 0.6$ se considera una relación lineal moderada
$r = \pm\, 0.2$ y $r = \pm\, 0.4$ se considera una relación lineal débil
$r = 0.0$ y $r = \pm\, 0.2$ se considera una relación lineal muy débil

Tabla 2. Interpretación del coeficiente de correlación lineal de Pearson (r).

A continuación, vamos a ver unas demostraciones de cómo calcular el coeficiente de correlación lineal (r):

Ejemplo 8. *El movimiento cervical depende del dolor percibido por el paciente.* Se cree que la intensidad del dolor es un indicador adecuado que puede predecir el rango de movimiento de rotación cervical hacia la derecha que un paciente puede realizar.

Un grupo de fisioterapeutas desea demostrar si esta idea es cierta a través del cálculo del coeficiente de correlación lineal de Pearson (r) para la $X_i = $ *Intensidad de dolor* y $Y_i = $ *Rango de movimiento*:

1. **Organizar los datos**: primero que nada, se deben reunir los pares de observaciones de las dos variables que se desean correlacionar.

Cada par de observaciones está conformado por un valor para la primera variable X_i y un valor de la variable Y_i.

Sujeto	X_i [Intensidad de dolor]	Y_i [Rango de movimiento]
1	7,7	90,3º
2	8,1	45,2º
3	6,3	87,9º
4	9,1	13,1º

2. **Calcular la media**: determinamos la media tanto para los valores de la variable X_i como para la variable Y_i. Este cálculo se puede obtener sumando todos los valores y dividiendo entre el número total de observaciones para las dos variables por separado.

$$\bar{X} = \frac{\Sigma X_i}{N} = \frac{7,7 + 8,1 + 6,3 + 9,1}{4} = 7,8$$

$$\bar{Y} = \frac{\Sigma Y_i}{N} = \frac{90,3 + 45,2 + 87,9 + 13,1}{4} = 59,12$$

3. **Calcular las desviaciones respecto a la media $(\bar{X}, \bar{Y})$**: a cada par de observaciones debemos restarle la media que hemos calculado en el paso anterior; así,

por ejemplo, para la primera variable, restamos a cada valor de X_i la media correspondiente $\bar{X}$, y para la segunda variable, restamos a cada valor de Y_i su media $\bar{Y}$.

Para la variable X_i (*Intensidad de dolor*):

Sujeto	X_i	$X_i - \bar{X}$
1	7,7	$7,7-7,8 = -0,1$
2	8,1	$8,1-7,8 = 0,3$
3	6,3	$6,3-7,8 = -1,5$
4	9,1	$9,1-7,8 = 1,3$

Para la variable Y_i (*Rango de movimiento*):

Sujeto	Y_i	$Y_i - \bar{Y}$
1	90,3º	$90,3-59,12 = 31,18$
2	45,2º	$45,2-59,12 = -13,92$
3	87,9º	$87,9-59,12 = 28,78$
4	13,1º	$13,1-59,12 = -46,02$

4. **Calcula el producto de las desviaciones**: lo que haremos ahora en el siguiente paso será multiplicar las desviaciones de X_i por las obtenidas para Y_i.

Sujeto	$(X_i - \bar{X}) \times (Y_i - \bar{Y})$
1	$-0,1 \times 31,18 = -3,11$
2	$0,3 \times -13,92 = -4,17$
3	$-1,5 \times 28,78 = -43,17$
4	$1,3 \times -46,02 = -59,82$

5. **Sumar los productos de las desviaciones**: una vez obtenido el producto de la multiplicación del paso anterior los sumaremos.

$$\Sigma (X_i - \bar{X}) \times (Y_i - \bar{Y})$$

$$= -3,11 - 4,17 - 43,17 - 59,82 = -110,27$$

6. **Calcular las sumas de los cuadrados de las desviaciones**: posteriormente se debe sumar los cuadrados de las desviaciones de X_i y de Y_i para cada observación.

Para la variable X_i (*Intensidad de dolor*):

Sujeto	X_i	$(X_i - \bar{X})^2$
1	7,7	$(7,7 - 7,8)^2 = 0,01$
2	8,1	$(8,1 - 7,8)^2 = 0,09$
3	6,3	$(6,3 - 7,8)^2 = 2,25$
4	9,1	$(9,1 - 7,8)^2 = 1,69$
Total		$\Sigma(X_i - \bar{X})^2 = 4,04$

Para la variable Y_i (*Rango de movimiento*):

Sujeto	Y_i	$(Y_i - \bar{Y})^2$
1	90,3º	$(90,3 - 59,12)^2 = 972,19$
2	45,2º	$(45,2 - 59,12)^2 = 193,76$
3	87,9º	$(87,9 - 59,12)^2 = 828,28$
4	13,1º	$(13,1 - 59,12)^2 = 2117,84$
Total		$\Sigma(Y_i - \bar{Y})^2 = 4112,07$

7. **Calcular las raíces cuadradas de las sumas de los cuadrados de las desviaciones**: a continuación, se

calcula la raíz cuadrada de la suma de los cuadrados de las desviaciones de X_i y de Y_i.

$$X_i = \sqrt{4{,}04} = 2{,}01$$

$$Y_i = \sqrt{4112{,}07} = 64{,}13$$

8. **Multiplicar las raíces cuadradas**: multiplique las raíces cuadradas obtenidas en el paso anterior.

$$2{,}01 \times 64{,}13 = 128{,}90$$

9. **Dividir la suma de los productos de las desviaciones entre el producto de las raíces cuadradas**: finalmente se debe dividir la suma de los productos de las desviaciones entre el producto de las raíces cuadradas y de esta forma obtendremos *el coeficiente de correlación de Pearson* (r).

$$r = \frac{-110{,}27}{128{,}90} = -0{,}86$$

Solución: El coeficiente de correlación lineal de Pearson (r) = −0,86. Este valor indica una relación inversa y fuerte entre dos variables. El signo negativo (−) muestra que, a medida que una variable aumenta, la otra tiende a disminuir. El valor absoluto de 0,86 sugiere que, debido a su cercanía a $r = -1$, indicaría que existe una relación muy fuerte entre las variables analizadas.

Una vez finalicemos los cálculos anteriores se procede a representarlo gráficamente en un diagrama de dispersión:

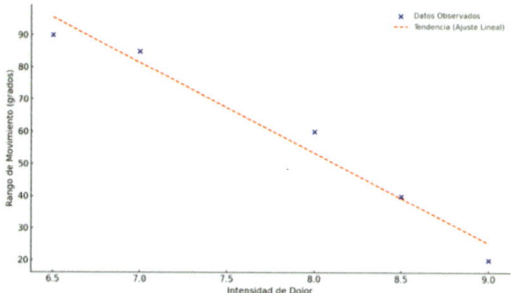

Figura 10. *Relación entre la intensidad del dolor y el rango de movimiento cervical.* El gráfico de dispersión muestra la relación entre la intensidad del dolor, medida en la escala visual analógica (EVA), y el rango de movimiento, medido en grados, para cuatro pacientes. Cada punto en el gráfico representa un paciente, con la intensidad del dolor en el eje (X_i) y el rango de movimiento en el eje (Y_i). Se observa una cierta tendencia negativa, porque a medida que aumenta la intensidad del dolor, el rango de movimiento tiende a disminuir, lo que indicaría una posible correlación negativa $(r = -0,86)$ entre estas dos variables.

Ejemplo 9. *El tiempo de estudio parece estar asociado con un mayor éxito en el rendimiento académico.* Un grupo de profesores desea explorar la asociación entre estas dos variables calculando el coeficiente de correlación lineal de Pearson (r) para la $X_i = Horas\ de\ estudio$ y $Y_i = Calificación$ y representando el resultado en un gráfico de dispersión (*scatter plot*).

1. **Organizar los datos:**

Sujeto	X_i [Horas de estudio]	Y_i [Calificación]
1	1	50
2	2	55
3	3	65
4	4	70
5	5	75
6	6	80

2. **Calcular las medias de $\overline{X}$ y $\overline{Y}$:**

$$\overline{X} = \frac{\Sigma X_i}{N} = \frac{1+2+3+4+5+6}{6} = 3,5$$

$$\overline{Y} = \frac{\Sigma Y_i}{N} = \frac{50+55+65+70+75+80}{6} = 65,83$$

3. **Calcular las desviaciones respecto a la media $(\overline{X}, \overline{Y})$:**

Para la variable $X_i = $ *horas de estudio*:

Sujeto	X_i	$X_i - \overline{X}$
1	50	$1 - 3,5 = -2,5$
2	55	$2 - 3,5 = -1,5$
3	65	$3 - 3,5 = -0,5$
4	70	$4 - 3,5 = 0,5$
5	75	$5 - 3,5 = 1,5$
6	80	$6 - 3,5 = 2,5$

Para la variable $Y_i = $ *Calificación:*

Sujeto	Y_i	$Y_i - \overline{Y}$
1	50	$50 - 65,83 = -15,83$
2	55	$55 - 65,83 = -10,83$
3	65	$65 - 65,83 = -0,83$
4	70	$70 - 65,83 = 4.17$
5	75	$75 - 65,83 = 9,17$
6	80	$80 - 65,83 = 14,17$

4. **Calcular el producto de las desviaciones**: se debe multiplicar las desviaciones de X_i y Y_i para cada par de observaciones.

Sujeto	$(X_i - \overline{X}) \times (Y_i - \overline{Y})$
1	$(-2,5) \times (-15,83) = 39,575$
2	$(-1,5) \times (-10,83) = 16,245$
3	$(-0,5) \times (-0,83) = 0,415$
4	$0,5 \times 4,17 = 2,085$
5	$1,5 \times 9,17 = 13,755$
6	$2,5 \times 14,17 = 35,425$

5. **Sumar los productos de las desviaciones**: es necesario sumar todos los productos obtenidos en el paso anterior.

$$\Sigma (X_i - \overline{X}) \times (Y_i - \overline{Y}) = 39,575 + 16,245 + 0,415$$
$$+ 2,085 + 13,7 + 35,42 = 107,5$$

6. **Calcular las sumas de los cuadrados de las desviaciones**:

Para la variable X_i (*Horas de estudio*):

Sujeto	X_i	$(X_i - \bar{X})$	$(X_i - \bar{X})^2$
1	1	$1 - 3,5 = -2,5$	6,25
2	2	$2 - 3,5 = -1,5$	2,25
3	3	$3 - 3,5 = -0,5$	0,25
4	4	$4 - 3,5 = 0,5$	0,25
5	5	$5 - 3,5 = 1,5$	2,25
6	6	$6 - 3,5 = 2,5$	6,25
Total			$\Sigma(X_i - \bar{X})^2 = 17,5$

Para la variable Y_i (*Calificación*):

Sujeto	Y_i	$(Y_i - \bar{Y})$	$(Y_i - \bar{Y})^2$
1	50	$50 - 65,83 = -15,83$	250,70
2	55	$55 - 65,83 = -10,83$	117,28
3	65	$65 - 65,83 = -0,83$	0,68
4	70	$70 - 65,83 = 4,17$	17,38
5	75	$75 - 65,83 = 9,17$	84,08
6	80	$80 - 65,83 = 14,17$	200.60
Total			$\Sigma(Y_i - \bar{Y})^2 = 670,7$

7. **Calcular las raíces cuadradas de las sumas de los cuadrados de las desviaciones:**

$$X_i = \sqrt{17,5} = 4,18$$
$$Y_i = \sqrt{670,7} = 25,90$$

8. **Multiplicar las raíces cuadradas:**

$$4,18 \times 25,90 = 108,14$$

9. **Dividir la suma de los productos de las desviaciones entre el producto de las raíces cuadradas:**

$$r = \frac{107,5}{108,14} = 0,994$$

Solución: El coeficiente de correlación lineal de Pearson (r) = 0,994. En este caso, el coeficiente de correlación de Pearson (r) = 0,994 constata la existencia de una relación directa y muy fuerte entre la dos variables. El valor positivo (0,994) muestra que a medida que una variable aumenta, la otra también lo hace.

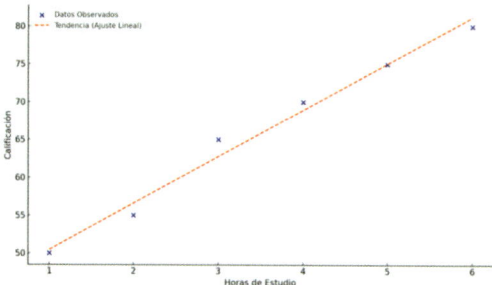

Figura 11. *Relación entre las horas de estudio y las calificaciones obtenidas.* El gráfico de dispersión muestra la relación entre las horas de estudio y las calificaciones obtenidas por los estudiantes. Cada punto en el gráfico representa a un estudiante, con las horas de estudio en el eje X_i y la calificación obtenida en el examen en el eje Y_i. Se observa una clara tendencia ascendente, lo que sugiere una fuerte correlación positiva entre estas dos variables. A medida que aumentan las horas de estudio, también aumentan las calificaciones de los estudiantes. Esta relación se refleja en el coeficiente de correlación lineal de Pearson calculado previamente, que es de 0.994, indicando una correlación positiva muy fuerte, casi perfecta.

Para sintetizar, en la **Tabla 3** se muestran las distintas fases que comprenden el cálculo de la r.

Fases	Procedimiento
Organizar los datos	Reúne los pares de observaciones de las dos variables que se desean correlacionar $(X_i,\ Y_i)$.
Calcular la media	Calcula la media de las variables X_i y Y_i sumando todos los valores y dividiendo por el número total de observaciones.
Calcular las desviaciones respecto a la media	Resta la media de X_i a cada valor X_i y la media de Y_i a cada valor Y_i para obtener las desviaciones.

Calcular el producto de las desviaciones	Multiplica las desviaciones de X_i y Y_i para cada observación.
Sumar los productos de las desviaciones	Suma todos los productos obtenidos en el paso anterior.
Calcular la suma de los cuadrados de las desviaciones	Estima la suma de los cuadrados de las desviaciones de X_i y Y_i para cada observación.
Calcular las raíces cuadradas de las sumas de los cuadrados	Calcula la raíz cuadrada de la suma de los cuadrados de las desviaciones de X_i y Y_i.
Multiplicar las raíces cuadradas	Multiplica las raíces cuadradas obtenidas en el paso anterior.
Dividir la suma de los productos entre el producto de las raíces cuadradas	Divide la suma de los productos de las desviaciones entre el producto de las raíces cuadradas para obtener el coeficiente de correlación de Pearson (r).

Tabla 3. Resumen de los pasos para el cálculo del coeficiente de correlación de Pearson (r)

5.2.2. Coeficiente de determinación y alienación

El coeficiente de correlación lineal de Pearson (r) no solo mide la fuerza de la asociación sino también permite conocer cómo será el comportamiento de la variable que estamos estudiando en función de cuál sea el comportamiento que tenga la otra.

A partir de r es posible conocer la proporción de la variabilidad de la variable dependiente —por ejemplo, $Y_i =$ *Calificación*— que puede explicarse mediante la variable

232

independiente X_i = *Horas de estudio*. En otras palabras, r también se utiliza para averiguar qué parte de las variaciones en las calificaciones puede explicarse por la cantidad de horas dedicadas al estudio. Una medida de esto es el **coeficiente de determinación** que se calcula elevando al cuadrado el coeficiente de correlación lineal de Pearson (r^2).

A continuación, pongamos por caso que está tratando de predecir la Y_i = *Calificación* obtenida por los estudiantes en un examen en función del número de X_i = *horas dedicadas al estudio*. Si el coeficiente de determinación es $r^2 = 0{,}8$ podemos afirmar que el 80% de la variabilidad en las calificaciones de los estudiantes se explica por la cantidad de horas que estudiaron.

De lo anterior se deduce también que el 20% restante de la variabilidad en las calificaciones se debe a otros factores que no se han tenido en cuenta, como el *nivel de atención en clase*, el *estrés*, o la *dificultad del examen*, etc. El porcentaje de variabilidad que no puede ser explicado por la influencia de la variable independiente se conoce como **coeficiente de alienación** y se obtiene fácilmente restando a 1 el coeficiente de determinación $(1 - r^2)$.

Resumen

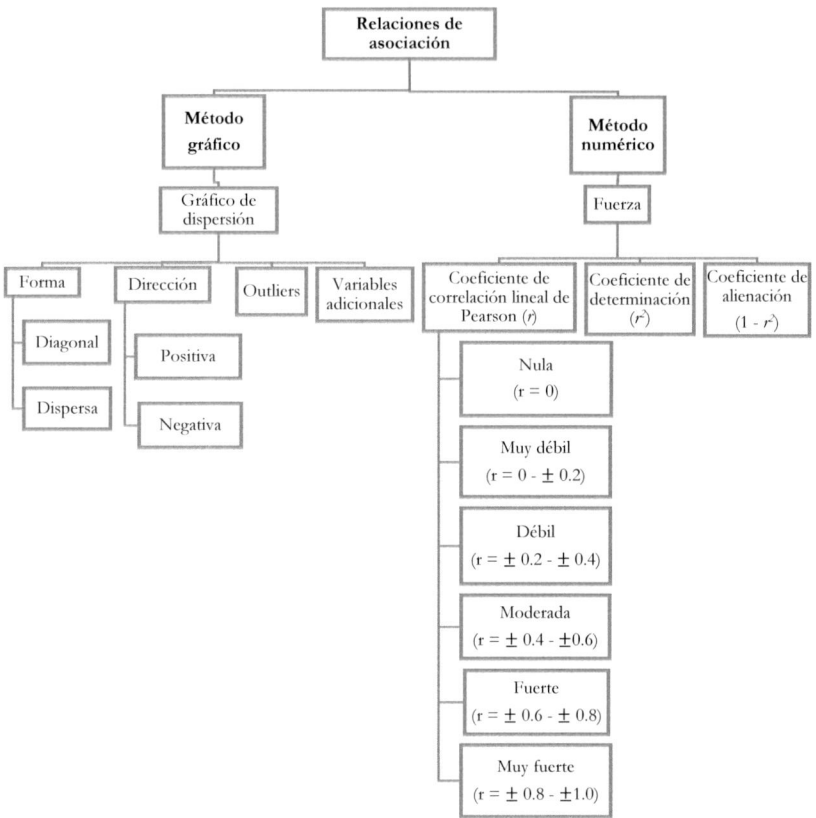

Esquema 1. *Las relaciones de asociación entre los datos.* El método gráfico consiste en *gráficos de dispersión* que permiten observar la *forma* (orientada en diagonal o dispersa), la *dirección* (positiva o negativa) y la presencia de *outliers*. El método numérico permite evaluar la fuerza de la relación mediante el coeficiente de correlación lineal de Pearson (r). Asimismo, para determinar cómo la variabilidad de la dependiente puede explicarse por la variable independiente se utiliza el coeficiente de determinación (r^2) mientras que la variabilidad no explicada se expresa a través del coeficiente de alienación como $1 - r^2$.

CAPÍTULO 6.
La relación de *causalidad* entre los datos

A la hora de evaluar una relación entre dos variables es importante distinguir la correlación de la causalidad. En este sentido es importante destacar que la existencia de una asociación muy fuerte entre dos variables no implica necesariamente que una sea la causa de la otra. Un ejemplo clásico de esta confusión es la aparente relación entre el consumo de helados y los ahogamientos que se producen durante el verano.

A simple vista, ambos fenómenos parecen estar correlacionados positivamente, ya que el consumo de helados aumenta al mismo tiempo que se registra un incremento en los casos de ahogamiento. Sin embargo, resulta evidente que esta relación no es causal, sino que se debe a un factor común, como el incremento de las temperaturas en verano. Este tipo de asociaciones, conocidas como **relaciones espurias**, ilustran cómo dos variables pueden estar relacionadas sin que exista una conexión causal entre ellas.

Desde un punto de vista teórico, la **causa** se refiere a aquello que proporciona las condiciones necesarias para que un fenómeno ocurra o se comporte de cierta manera. Es decir, es lo que provoca que algo siempre suceda o que funcione de una forma particular si se dan las mismas circunstancias. Por ejemplo, al observar la mejora aplicando un tratamiento médico correcto a un enfermo, la causa de dicha mejora no sería fruto del azar sino de la acción del medicamento que se ha prescrito o de la intervención que se hubiese practicado.

Pues bien, el objetivo que nos proponemos ahora es asegurar que los efectos que provoca una determinada causa

— por ejemplo, un *tratamiento*—sobre una pequeña muestra puedan ser generalizados a todos los sujetos de una población que comparte las mismas características.

Estas operaciones lógicas forman parte de un concepto general denominado **inferencia estadística**. En este capítulo, nos centraremos en estudiar sus componentes principales y algunas de sus aplicaciones más relevantes.

6.1. Intervalos de confianza

Como hemos señalado, deseamos que nuestros hallazgos sean extrapolables al conjunto de la población de la cual se ha extraído la muestra. Sin embargo, la imposibilidad práctica de estudiar a todos los individuos —*debido a los elevados costos en tiempo y recursos para los promotores de la investigación*— nos obliga a asumir desde el inicio que todas nuestras conclusiones estarán sujetas a un margen de error.

Para evaluar el grado de certeza con el que respaldamos una hipótesis, utilizaremos el **intervalo de confianza (I.C.)**. Se trata de un rango de valores entre los cuales estimamos, con alta probabilidad, que se encuentre el valor real del parámetro de la población.

Por lo general, trabajamos con niveles de confianza del 95% o 99%, lo cual nos da una alta probabilidad de que el valor real del parámetro esté incluido dentro del intervalo calculado.

A continuación, veamos un ejemplo de cómo se calcula el intervalo de confianza:

Ejemplo 1. *Presión arterial en adultos residentes en un barrio.* Un grupo de sanitarios desea estimar el promedio de X_i = *Presión arterial* de los adultos residentes en un barrio de una ciudad. Al no poder medir a todos los residentes seleccionan aleatoriamente una muestra representativa de $n = 100$ obteniendo una media $\bar{X} = 95$ mmHg y una desviación típica $S_x = 8,2$ mmHg. Con un nivel de confianza del 95%, el intervalo de confianza resultante es:

$$I.C. = [93,39 - 96,61 \text{ mmHg}]$$

Esto significa que tenemos un 95% de certeza de que la verdadera media de la presión arterial de toda la población del barrio se encuentra dentro de este intervalo. En otras palabras, si repitiéramos el proceso 100 veces, en 95 de esas ocasiones el intervalo calculado [93,39 – 96,61 mmHg] contendría la verdadera media de la presión arterial de la población.

Veamos otro ejemplo en el que se ha incrementado el nivel de confianza, pasando del 95% al 99%. Como puede observar, el cambio más evidente es que ahora el intervalo de confianza se ha ampliado en comparación con el del 95%:

$$I.C. = [92,89 - 97,11 \text{ mmHg}]$$

Esto se debe a que, al aumentar el nivel de confianza, el intervalo se amplía para asegurar que la media poblacional caiga dentro de él. Al igual que expusimos en el ejemplo anterior, si realizáramos este cálculo 100 veces, en 99 de esos casos el intervalo [92,89 – 97,11 mmHg] contendría la verdadera media de la presión arterial de la población.

Aunque existen varios tipos de intervalos de confianza, como los de la mediana, proporciones o varianza, nos centraremos en el intervalo de confianza para *medias* poblacionales, ya que es de lejos el más utilizado en investigación.

6.1.1. Intervalos de confianza para la media poblacional

6.1.1.1. Intervalos de confianza en poblaciones *Normales* con desviación típica *conocida*

Para comenzar, supongamos que disponemos de una muestra de tamaño n extraída de una población que sigue una distribución *Normal* (Z) con desviación típica conocida σ. Recuerda que, como se explicó en el Capítulo 4, es posible evaluar si las variables medidas en la muestra, sobre la que se calcularán los intervalos, se ajustan adecuadamente o no a una distribución *Normal* (Z) mediante el uso de métodos *gráficos* o *numéricos*.

Para calcular el intervalo de confianza de la *media* poblacional aplicamos la siguiente fórmula:

$$I.C. = \overline{X} \pm Z_{\alpha/2} \times \frac{\sigma}{\sqrt{n}}$$

O lo que es lo mismo,

$$I.C. = \bar{X} - Z_{\alpha/2} \times \frac{\sigma}{\sqrt{n}} \leq \mu \leq \bar{X} + Z_{\alpha/2} \times \frac{\sigma}{\sqrt{n}}$$

Donde,

$\bar{X}$ = Media muestral

$Z_{\alpha/2}$ = Nivel crítico (establecido previamente por los investigadores cuyo valor puede usted localizar en la **Tabla 4.** de la sección **Tablas**).

σ = Desviación típica poblacional

n = Tamaño muestral

A continuación, puede leer varios ejemplos asumiendo que la estimación de la *media* poblacional se realizará con un nivel de confianza del 95%:

Ejemplo 2. *Nivel de colesterol en los adultos de una ciudad.* Supongamos que investigamos el X_i = *Promedio de nivel de colesterol* en adultos de una ciudad. Se toma una muestra aleatoria de n = 64 adultos, obteniendo una media muestral de $\bar{X}$ = 200 mg/dL. Además, se conoce que la desviación típica poblacional es σ = 15 mg/dL. Se desea calcular el intervalo de confianza ($I.C.$) para la *media* poblacional con un nivel de confianza del 95%:

1. **Calcular el intervalo de confianza ($I.C.$)** para la *media* poblacional con desviación típica *conocida*. Utilizamos la fórmula correspondiente:

$$I.C. = \bar{X} \pm Z_{\alpha/2} \times \frac{\sigma}{\sqrt{n}}$$

Según la misma, podemos afirmar que la *media* poblacional debe encontrarse dentro de un intervalo de confianza $(I.C.)$ definido por:

$$I.C. = \bar{X} - Z_{\alpha/2} \times \frac{\sigma}{\sqrt{n}} \leq \mu \leq \bar{X} + Z_{\alpha/2} \times \frac{\sigma}{\sqrt{n}}$$

Donde,

$\bar{X} = 200$ (Media muestral)

$Z_{\alpha/2} = \pm 1,96$ (Este valor crítico se obtiene directamente de la **Tabla 4.** Tabla de la distribución de probabilidad *Normal Z* (*bilateral*). Para un nivel de confianza del 95%, el valor crítico que debemos buscar se encuentra en $\alpha = 0,05$)

$\sigma = 15$ (Desviación típica poblacional)

$n = 64$ (Tamaño muestral)

1. Calcular el **límite inferior del intervalo** de confianza $(I.C.)$:

$$I.C. = \bar{X} - Z_{\alpha/2} \times \frac{\sigma}{\sqrt{n}} = 200 - 1,96 \times \frac{15}{\sqrt{64}} = 196,33$$

2. Calcular el **límite superior del intervalo** de confianza $(I.C.)$:

$$I.C. = \bar{X} + Z_{\alpha/2} \times \frac{\sigma}{\sqrt{n}} = 200 + 1,96 \times \frac{15}{\sqrt{64}} = 203,67$$

Solución: El intervalo de confianza de la variable X_i = *Promedio de nivel de colesterol* será: I.C. [196,33 – 203,67]. Por lo tanto, con un 95% de certeza, se puede concluir que la media poblacional del nivel de colesterol en adultos de la ciudad está entre 196,33 y 203,67 mg/dL.

Si lo representamos en un gráfico obtenemos:

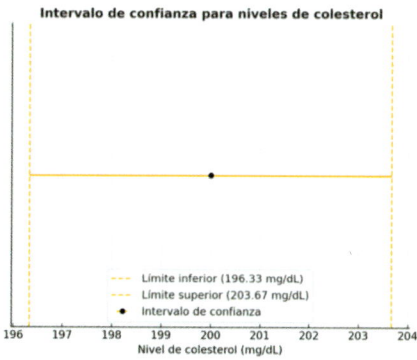

Figura 1. *Intervalo de confianza del 95% para el promedio de colesterol en adultos de la ciudad.* El gráfico muestra un intervalo de confianza con un límite inferior de 196,33 mg/dL y un límite superior de 203,67 mg/dL. La media del nivel de colesterol está representada por un punto negro en el centro del intervalo. Las líneas naranjas discontinuas indican los límites inferior y superior del intervalo de confianza. Este cálculo indica que, con un 95% de confianza, el verdadero nivel medio de colesterol de los adultos de la ciudad se encuentra entre 196,33 y 203,67 mg/dL. Imagine, ahora, que el nivel de confianza se incrementa hasta el 99%. Como vimos antes, esto aumenta la amplitud del intervalo de confianza, lo que significa que el rango de valores dentro del cual se espera encontrar la verdadera media del nivel de colesterol también se expande. En este caso, tras un rápido cálculo, el intervalo sería de 195,17 a 204,83 mg/dL. Esto ocurre porque, al exigir más certeza (99% en lugar de 95%), necesitamos disponer de un rango más amplio para asegurarnos de incluir el verdadero valor de la media poblacional. De esto se deduce cuanto mayor es el nivel de confianza, más grande será el intervalo de confianza.

Ejemplo 3. *Intensidad de dolor artrósico en un centro de mayores.* La X_i = *intensidad de dolor* producida por artrosis de rodilla en un centro de mayores sigue una distribución *Normal* (*Z*). Si la

243

media muestral obtenida en $n = 50$ ancianos es de $\bar{X} = 6,7$ y se conoce que la desviación poblacional es $\sigma = 1,8$, se decide calcular el intervalo de confianza ($I.C.$) para la media poblacional con un nivel de confianza del 95%:

1. **Calcular el intervalo de confianza ($I.C.$)** para la *media* poblacional con desviación típica *conocida*. Utilizaremos la misma fórmula que en el ejemplo anterior:

$$I.C. = \bar{X} \pm Z_{\alpha/2} \times \frac{\sigma}{\sqrt{n}}$$

O sea,

$$I.C. = \bar{X} - Z_{\alpha/2} \times \frac{\sigma}{\sqrt{n}} \leq \mu \leq \bar{X} + Z_{\alpha/2} \times \frac{\sigma}{\sqrt{n}}$$

Donde,
$\bar{X} = 6,7$
$Z_{\alpha/2} = 1,96$
$\sigma = 1,8$
$n = 50$

2. Calcular el **límite inferior del intervalo** de confianza ($I.C.$):

$$I.C. = \bar{X} - Z_{\alpha/2} \times \frac{\sigma}{\sqrt{n}} = 6,7 - 1,96 \times \frac{1,8}{\sqrt{50}} = 6,20$$

3. Calcular el **límite superior del intervalo** de confianza ($I. C.$):

$$I.C. = \bar{X} + Z_{\alpha/2} \times \frac{\sigma}{\sqrt{n}} = 6{,}7 - 1{,}96 \times \frac{1{,}8}{\sqrt{50}} = 7{,}19$$

Solución: El intervalo de confianza de la variable $X_i =$ *intensidad de dolor* será: I.C. [6,20 – 7,19]. Por lo tanto, con un 95% de certeza, podemos decir que la media poblacional de la $X_i =$ *intensidad de dolor* artrósico en el centro de mayores está entre 6,20 y 7,19.

El siguiente gráfico ilustra el resultado:

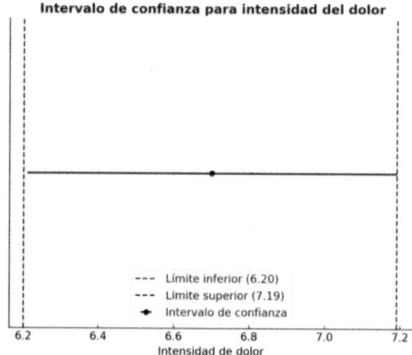

Figura 2. *Intervalo de confianza del 95% para la intensidad de dolor artrósico en un centro de mayores.* El gráfico muestra un intervalo de confianza con un límite inferior de 6,20 y un límite superior de 7,19 en la escala de intensidad de dolor. La media de la intensidad del dolor está representada por un punto negro en el centro del intervalo. Las líneas moradas discontinuas indican los límites inferior y superior del intervalo de confianza. Este intervalo sugiere que, con un 95% de confianza, la verdadera intensidad media del dolor artrósico se encuentra entre 6,20 y 7,19.

Ahora a diferencia del ejemplo que acabamos de ver, calculamos un intervalo de confianza para una *media* poblacional, pero en este caso asumiendo un 99% de nivel de confianza:

Ejemplo 4. *Consumo de medicamentos por los pacientes de la Unidad de Geriatría.* El X_i = *consumo de medicamentos* de los $n = 100$ ancianos de la Unidad de Geriatría sigue una distribución *Normal* (Z) con media μ y varianza $\sigma^2 = 9$. Si la media muestral obtenida es $\bar{X} = 10,65$, se decide calcular el intervalo de confianza $(I.C.)$ con un nivel de significación del 1%:

1. **Calcular el intervalo de confianza $(I.C.)$** para la media poblacional con desviación típica *conocida*:

$$I.C. = \bar{X} \pm Z_{\alpha/2} \times \frac{\sigma}{\sqrt{n}}$$

Donde,

$\bar{X} = 10,65$

$Z_{\alpha/2} = \pm 2,576$ (El valor crítico se obtiene de la **Tabla 4.**, que corresponde a la distribución *Normal Z* (*bilateral*). Para un nivel de confianza del 99%, el valor crítico que debemos buscar se encuentra en $\alpha = 0,01$)

$\sigma^2 = 9$ (Al presentar el valor de dispersión mediante la varianza, es necesario calcular la desviación típica (σ) para sustituir en la fórmula. La manera más sencilla de obtenerlo es calculando la raíz cuadrada de la varianza, por lo tanto, la desviación típica será $\sigma = \sqrt{9} = 3$)

$n = 100$

2. Estimar el **límite inferior del intervalo** de confianza ($I.C.$):

$$I.C. = \bar{X} - Z_{\alpha/2} \times \frac{\sigma}{\sqrt{n}} = 10{,}65 - 2{,}576 \times \frac{3}{\sqrt{100}} = 9{,}88$$

3. Calcular el **límite superior del intervalo** de confianza ($I.C.$):

$$I.C. = \bar{X} - Z_{\alpha/2} \times \frac{\sigma}{\sqrt{n}} = 10{,}65 + 2{,}576 \times \frac{3}{\sqrt{100}} = 11{,}42$$

Solución: El intervalo de confianza del $X_i = $ *consumo de medicamentos* en la Unidad de Geriatría será: I.C. [9,88 –11,42]. Por lo tanto, con un 99% de certeza, podemos afirmar que la media poblacional de consumo de fármacos está entre 9,88 y 11,42. En el siguiente gráfico se ilustra el resultado obtenido:

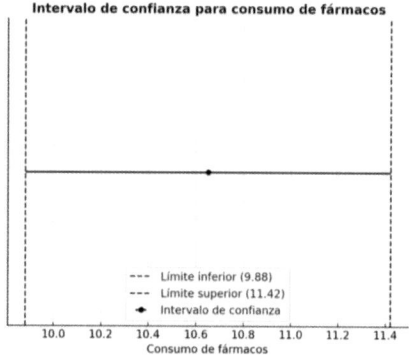

Figura 3. *Intervalo de confianza del 99% para el consumo de fármacos en la Unidad de Geriatría.* El gráfico muestra un intervalo de confianza con un límite inferior de

9,88 y un límite superior de 11,42 en la escala de consumo de fármacos. La media del consumo de fármacos está representada por un punto negro en el centro del intervalo. Las líneas azules discontinuas indican los límites inferior y superior del intervalo de confianza. Este intervalo sugiere que, con un 99% de confianza, el verdadero consumo medio de fármacos en la Unidad de Geriatría se encuentra entre 9,88 y 11,42.

6.1.1.2. Intervalo de confianza en poblaciones *Normales* con desviación típica *desconocida*

Anteriormente, asumíamos que la desviación típica era conocida por lo que el intervalo de confianza se calculaba a partir de la distribución *Normal* (Z). Ahora, supongamos que queremos calcular el intervalo para la *media* poblacional (μ) en una población *Normal*, pero desconocemos tanto la media como la desviación típica σ. En este nuevo escenario y dado que no conocemos la desviación típica de la población (σ), no podemos basarnos en la Z para estimar el intervalo de confianza ya que perderíamos mucha precisión.

En este caso lo adecuado sería sustituir la desviación típica poblacional (σ) por su estimador muestral (S). Este cambio implica que debemos utilizar una nueva distribución de probabilidad conocida como t-*Student* (t_{n-1}) en lugar de la *Normal* (Z) que hemos estado usando hasta ahora.

Como resultado la fórmula que emplearemos para el cálculo del intervalo de confianza será ligeramente diferente:

$$I.C. = \bar{X} \pm t_{n-1, \alpha/2} \times \frac{S}{\sqrt{n}}$$

Por lo que la *media* poblacional debe estar contenida en el intervalo de confianza $(I.C.)$ que viene definido por la fórmula:

$$I.C. = \bar{X} - t_{n-1,\alpha/2} \times \frac{S}{\sqrt{n}} \le \mu \le \bar{X} + t_{n-1,\alpha/2} \times \frac{S}{\sqrt{n}}$$

Donde,
$\bar{X}$ = Media muestral
$t_{n-1,\alpha/2}$ = Estadístico de la distribución t-*Student* (determinado por los grados de libertad $df = n - 1$ y el nivel de significación $\alpha/2$)
S = Desviación típica muestral
n = Tamaño muestral

A continuación, proponemos un ejemplo en el que se explica paso a paso cómo calcular el intervalo de confianza para una *media* poblacional cuando no conocemos su desviación típica:

Ejemplo 5. *Concentración de lactato (mmol/dL) de velocistas.* El equipo médico de la selección nacional de atletismo decide estudiar la X_i = *concentración de lactato (mmol/dL) de velocistas* post-competición en los $n = 20$ velocistas que participarán en los Juegos Olímpicos. Los resultados muestran una media de X_i = *concentración de lactato (mmol/dL) de velocistas* de $\bar{X} = 5{,}8$ mmol/dL y una desviación típica muestral $S = 5{,}085$.

A continuación, se proporciona los pasos que deben seguir para la elaboración del intervalo de confianza para la media poblacional asumiendo un nivel de confianza del 95%:

1. **Calcular el intervalo de confianza ($I.C.$)** para la media poblacional con desviación típica poblacional *desconocida*:

$$I.C. = \bar{X} \pm t_{n-1,\alpha/2} \times \frac{S}{\sqrt{n}}$$

Donde,

$\bar{X} = 5,8$

$t_{n-1,\alpha/2} = t_{19,0.05/2} = 2,093$ (puede consultar el valor del estadístico en la **Tabla 6.** Tabla de la distribución de probabilidad t-*Student* (*bilateral*) que podrá localizar en la sección **Tablas** al final del libro. Para una muestra de $df = n - 1 = 20 - 1 = 19$ grados de libertad y un nivel de confianza del 95%, el valor que debemos considerar en la fórmula se ubica en la intersección entre $df = 19$ y $\alpha = 0,05$)

$S = 5,085$ (es la desviación típica muestral que sustituye a la desviación típica poblacional que desconocemos)

$n = 20$

2. Determinar el **límite inferior del intervalo** de confianza ($I.C.$):

$$I.C. = \bar{X} - t_{n-1,\alpha/2} \times \frac{S}{\sqrt{n}} = 5,8 - t_{19,0.05/2} \times \frac{5.085}{\sqrt{20}}$$

$$= 5{,}8 - 2{,}093 \times \frac{5{,}085}{\sqrt{20}} = 3{,}42$$

3. Calcular el **límite superior del intervalo** de confianza $(I.C.)$:

$$I.C. = \bar{X} + t_{n-1,\alpha/2} \times \frac{S}{\sqrt{n}} = 5{,}8 + t_{19,0.05/2} \times \frac{5{,}085}{\sqrt{20}}$$

$$= 5{,}8 + 2{,}093 \times \frac{5{,}085}{\sqrt{20}} = 8{,}18$$

Solución: El intervalo de confianza será $X_i = $ *Concentración de lactato (mmol/dL) de velocistas* será: I.C. [3,42 – 8,18]. Por lo tanto, con un **95%** de certeza, podemos afirmar que la media poblacional de $X_i = $ *concentración de lactato (mmol/dL) de los velocistas* estará situada entre **3,42** y **8,18** mmol/dL.

Para verlo mejor, representamos el resultado en el siguiente gráfico:

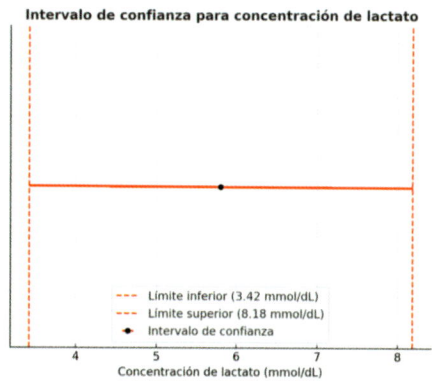

251

Figura 4. Intervalo de confianza del 95% para la concentración de lactato en velocistas. El gráfico muestra el intervalo de confianza con un límite inferior de 3,42 mmol/dL y un límite superior de 8,18 mmol/dL. La media de la concentración de lactato está representada por un punto negro en el centro del intervalo. Las líneas rojas discontinuas indican los límites inferior y superior del intervalo de confianza. Este intervalo afirma que, con un 95% de confianza, la verdadera concentración media de lactato en velocistas se encuentra entre 3,42 y 8,18 mmol/dL.

6.2. Pruebas de contraste de hipótesis

6.2.1. Pruebas de contraste de hipótesis para dos variables cuantitativas

Las **pruebas de contraste de hipótesis** son técnicas estadísticas diseñadas para cuantificar la magnitud de la relación causal que mantiene una variable independiente con una dependiente. Estas pruebas se basan en la evaluación de una relación lógica de varias suposiciones (*hipótesis*), sobre las cuales debemos emitir un veredicto de veracidad o falsedad, basado en los datos de la muestra que hemos recogido.

En otras palabras, se trata de un conjunto de procedimientos que nos permiten determinar si los datos de la muestra proporcionan evidencia suficiente para aceptar o rechazar una hipótesis específica acerca de la población. Aquí te explicamos, paso a paso, cómo realizar una prueba de contraste de hipótesis:

1. **Formular la hipótesis nula (H_0) y la hipótesis alternativa (H_1):** la **hipótesis nula** (H_0) representa la afirmación de que no hay ningún

efecto o diferencia importante entre los grupos hasta que las pruebas aportadas indiquen lo contrario.

En cambio, la **hipótesis alternativa** (H_1), es la afirmación opuesta a la hipótesis nula y plantea que sí existe un efecto o una diferencia entre los grupos. Es, además, la hipótesis que esperamos demostrar.

2. **Seleccionar el nivel de significación**: este es el límite que establecemos para controlar la probabilidad de cometer un error de tipo I, o lo que es lo mismo, de rechazar la hipótesis nula (H_0) cuando en realidad es verdadera. Es decir, es la posibilidad de concluir que no hay relación causal entre dos variables cuando en realidad sí la hay.

Como no queremos cometer este error tan grave solemos seleccionar un nivel de significación en la mayoría de los casos de $\alpha = 0,05$ o de $\alpha = 0,01$. Esto significa que aceptamos un margen de error del 5% o del 1%, respectivamente.

En otras palabras, al seleccionar un nivel de significación de $\alpha = 0,05$, lo que queremos decir es que estamos dispuestos a correr solo un 5% de riesgo de equivocarnos al afirmar que no existe una relación causal. Esto también implica que, al aplicar la prueba, cualquier afirmación que hagamos será verdadera en un 95% de los casos—

para $\alpha = 0,05$ — o en un 99% —en el caso de $\alpha = 0,01$.

3. **Calcular el estadístico de la prueba**: para ello, será necesario aplicar una fórmula ajustada a cada distribución de probabilidad que explicaremos más adelante. El resultado deberá ser comparado con el valor crítico cuyo cálculo detallaremos en el siguiente paso.

4. **Determinar el valor crítico:** este valor puede consultarlo en la sección **Tablas** disponible al final del libro. Recuerde que este número marca el umbral para decidir si se acepta o se rechaza la H_0. Una vez localizado se comparará este valor con el del estadístico de la prueba del paso anterior.

5. **Tomar la decisión**: para poder decidirnos entre la hipótesis nula o alternativa debemos comparar el estadístico de la prueba calculado en el paso 3 con el valor crítico del paso 4. En función del resultado que hayamos obtenido en dicha comparación debemos optar por elegir uno de los siguientes veredictos:

    a. Si el valor del estadístico de la prueba es *menor* que el valor crítico, se *acepta la hipótesis nula* (H_0), lo que indica que no se han aportado por parte del investigador las pruebas y evidencias suficientes como para rechazarla. Como consecuencia, la *hipótesis alternativa* (H_1), que buscábamos demostrar su veracidad, queda descartada, por lo que no existe relación causal entre las variables.

En términos formales, esto significa que el valor del estadístico pertenece a la **región de aceptación de H_0**, o sea que la probabilidad asociada al valor del estadístico (p-valor) es mayor que el nivel de significación (α), lo que estaría indicando que la relación causal que se ha puesto a prueba bien podría explicarse por el mero azar.

      b. Un caso bien distinto sería que el estadístico fuera *mayor* que el valor crítico, pues en este caso, se *rechazaría la hipótesis nula* (H_0) y se *aceptaría la alternativa* (H_1). En este otro supuesto sí que existen pruebas suficientes para respaldar la hipótesis alternativa (H_1), lo que definitivamente confirmaría la existencia de una relación causal entre las variables.

A diferencia del primer caso, en este otro escenario se puede concluir que el estadístico se encuentra en la **región de rechazo de H_0**, hecho que nos conduce a aceptar H_1. El resultado obtenido equivale a afirmar que la probabilidad asociada al valor del estadístico (p -valor) es menor que el nivel de significación (α). En consecuencia, podemos afirmar que la relación entre las variables no es fruto del azar, sino que verdaderamente una de ellas es la causa de la otra.

La idea general es que a medida que disminuye el p-valor o, dicho de otro modo, conforme aumenta el valor del estadístico de la prueba, es más probable que la relación que se desea poner a prueba no sea accidental, sino que, en realidad, se trata de una conexión causal genuina.

En esta tabla puede encontrar una síntesis de los pasos clave para el cálculo de la prueba de hipótesis:

Fases	Procedimiento
Formular la hipótesis nula (H_0) y la hipótesis alternativa (H_1)	La hipótesis nula (H_0) es la afirmación que se asume verdadera hasta que la evidencia indique lo contrario. La hipótesis alternativa (H_1) es la afirmación opuesta a la nula y es la que deseamos demostrar.
Seleccionar el nivel de significación	Se selecciona un umbral que determina la probabilidad de cometer un error tipo I (rechazar H_0 cuando es verdadera). Comúnmente, se utiliza un $\alpha = 0.05$ o $\alpha = 0.01$, lo que implica un nivel de confianza del 95% o 99%.
Calcular el estadístico de la prueba	Se utiliza una fórmula específica para calcular el valor del estadístico de la prueba, que luego se compara con el valor crítico.
Determinar el valor crítico	El valor crítico se obtiene de las Tablas de distribución de probabilidad y marca el umbral para aceptar o rechazar H_0.

Tomar la decisión	Se compara el valor del estadístico de la prueba con el valor crítico. Si el estadístico cae en la región de rechazo —o el p-valor es menor que α —, se rechaza H_0 y se acepta H_1.

Tabla 1. *Pasos para realizar una prueba de contraste de hipótesis.* Esta tabla contiene los pasos a seguir para llevar a cabo una prueba de hipótesis. Comienza con la formulación de la hipótesis nula (H_1) y alternativa (H_1), y finaliza con la toma de decisiones basadas en la comparación entre el estadístico de la prueba y el valor crítico (α).

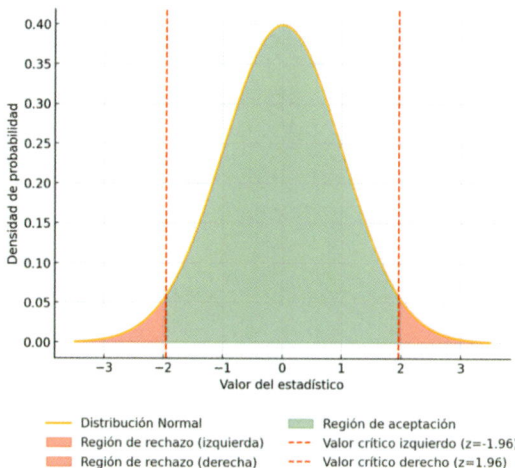

Figura 5. *Región de aceptación y rechazo de* H_0 *en una prueba de hipótesis.* La figura muestra gráficamente la distribución de probabilidad *Normal* (*Z*) que se distingue de las demás, principalmente, por el hecho de que su media es 0 y su desviación típica 1. Las áreas sombreadas en rojo a la izquierda y derecha de la curva indican las regiones de rechazo. Si el estadístico cae en cualquiera de estas dos áreas resultaría en el rechazo de H_0. Las líneas rojas discontinuas situadas aproximadamente en $Z = -1,96$ y $Z = 1,96$ marcan el lugar donde se localizan los valores críticos asumiendo un nivel de significación del 5% ($\alpha = 0,05$). Cualquier valor del estadístico que cayera más allá de este rango supone rechazar H_0 en favor de H_1.

257

Vayamos más allá, fíjese en la **Figura 5** donde representamos la curva de probabilidad *Normal* (*Z*) en una prueba de contraste de hipótesis. Como se puede observar, las áreas en verde representan las zonas de aceptación de la hipótesis nula H_0, mientras que el área en rojo indica la conocida como región de rechazo de H_0, o aceptación de la hipótesis alternativa H_1.

Si el valor del estadístico cae en la región verde debemos aceptar la hipótesis nula H_0, lo que significa que no hay efecto o diferencia significativa entre las dos variables del estudio, descartando una relación de causa y efecto. En cambio, si el valor del estadístico cae en la zona roja, debemos rechazar H_0 y aceptar H_1, lo que sugiere que sí existe un efecto o diferencia significativa, indicando que una variable puede influir en la otra.

A continuación, se describen algunas de las pruebas de contraste de hipótesis más comunes para evaluar la relación causal entre dos variables:

6.2.1.1. Prueba de contraste de hipótesis de medias para una muestra

Cuando se desea comparar la media de una muestra con la media poblacional (μ), cuya varianza (σ^2) es conocida, es necesario formular una **prueba de contraste de hipótesis para una muestra**.

Este procedimiento se lleva a cabo siguiendo los pasos descritos a continuación:

1. **Formular la hipótesis operativa**: se formula simplificando una conjetura inicial y expresándola a través de dos afirmaciones opuestas que se excluyen mutuamente. Por ejemplo:

Hipótesis nula (H_0): la hipótesis nula plantea que no existe una relación de causa y efecto entre la variable independiente (*factor*) y la variable dependiente (*respuesta*).

$$H_0: \mu \leq \mu_0$$

Hipótesis alternativa (H_1): la hipótesis alternativa, en contraposición a la nula, afirma que existe una relación causal entre la variable independiente (*factor*) y la dependiente (*respuesta*).

$$H_1: \mu > \mu_0$$

El sistema de hipótesis se establece de la siguiente manera:

$$H_0: \mu \leq \mu_0$$
$$H_1: \mu > \mu_0$$

Donde,

μ = Media poblacional

μ_0 = Media de referencia

2. **Seleccionar el nivel de significación**: se elige un nivel de significación, generalmente $\alpha = 0,05$ ó $\alpha = 0,01$, en función del rigor con el que se desee realizar la conclusión.

3. **Calcular el estadístico de la prueba**: conociendo la desviación típica de la población, el estadístico se calcula utilizando la fórmula siguiente:

$$Z = \frac{\bar{X} - \mu}{\frac{\sigma}{\sqrt{n}}}$$

Donde,

$\bar{X}$ = Media muestral

μ = Media poblacional

σ = Desviación típica poblacional

n = Tamaño muestral

4. **Determinar el valor crítico**: el valor crítico Z_α ó $Z_{\alpha/2}$ corresponde al valor de la distribución *Normal* (Z) que marca el límite entre la región de aceptación de H_0 y la región de rechazo de la hipótesis nula H_0. Para encontrar el valor crítico adecuado, se deben consultar las **Tablas 4** y **5** ubicadas en la sección de **Tablas** al final del libro.

5. **Tomar la decisión**: para tomar decisión, se compara el valor del estadístico calculado Z con el valor crítico Z_α ó $Z_{\alpha/2}$. A partir de entonces, debemos concluir tomando tan sólo una de las siguientes decisiones:

   a. Si el valor del estadístico calculado Z es *menor* que el valor crítico Z_α ó $Z_{\alpha/2}$, se acepta la hipótesis nula (H_0), lo que sugiere que no hay evidencia suficiente para concluir que la media muestral difiere de la media poblacional. Por lo tanto:

$$Z \text{ calculado} \leq Z_\alpha \text{ crítico}$$

   b. Si, en cambio, el valor del estadístico calculado Z es *mayor* que el valor crítico Z_α ó $Z_{\alpha/2}$, se rechaza la hipótesis nula (H_0) en favor de la hipótesis alternativa (H_1), indicando que hay suficiente evidencia para concluir que la media muestral es significativamente diferente de la media poblacional. Por lo que:

$$Z \text{ calculado} > Z_\alpha \text{ crítico}$$

Para entenderlo pongamos el siguiente ejemplo en el que se termina aceptando hipótesis nula (H_0):

Ejemplo 6. *¿Mejora el nuevo suplemento dietético la concentración de hemoglobina?* Se desea investigar si tomar un suplemento dietético modifica la concentración de hemoglobina en comparación con la media poblacional que es $\mu = 14$ g/dL. Un grupo de investigadores realiza un muestreo aleatorio simple que tiene como resultado la inclusión de $n = 50$ pacientes con una concentración media de hemoglobina de $\bar{X} = 14{,}2$ g/dL y una desviación típica $S = 1$ g/dL.

1. **Elaborar la hipótesis operativa:**

Hipótesis nula (H_0): la concentración media de hemoglobina en los pacientes que han recibido el suplemento es igual a la media poblacional de 14 g/dL.

$$H_0: \mu = 14$$

Hipótesis alternativa (H_1): la concentración media de hemoglobina en los pacientes que han tomado el suplemento dietético es diferente de la media poblacional de 14 g/dL.

$$H_1: \mu \neq 14$$

Por consiguiente, el sistema de hipótesis debería ser el siguiente:

$$H_0: \mu = 14$$

$$H_1: \mu \neq 14$$

Como se puede observar, esta es una prueba de contraste de hipótesis formulada en términos de *igualdad* o *desigualdad*, es decir, que el veredicto que emitamos tan sólo podría responder a si la muestra es o no igual a la de la población.

En este contexto, nos encontramos frente a un ejemplo de **prueba de contraste de hipótesis bilateral**, lo que matemáticamente se traduce en que la región de rechazo de H_0 —anteriormente sombreada en roja— se encuentra en los dos extremos (*colas*) de la distribución.

2. **Seleccionar el nivel de significación**: se establece un nivel de significación $\alpha = 0{,}05$, lo que quiere decir que existe una probabilidad muy pequeña, del 5%, de cometer un error al afirmar que la concentración media de hemoglobina es diferente de la de la población.

3. **Calcular el estadístico de la prueba**: para ello aplicamos la siguiente fórmula:

$$Z = \frac{\bar{X} - \mu}{\frac{\sigma}{\sqrt{n}}} \Rightarrow \frac{14{,}2 - 14}{\frac{1}{\sqrt{50}}} = 1{,}41$$

Datos de la muestra

$\overline{X} = 14,2 \ g/dL$

$\sigma = 1$

$n = 50$

Datos de la población

$\mu = 14 \ g/dL$

4. **Determinar el valor crítico:**

    a. Para encontrar el valor crítico, se debe utilizar los valores de probabilidad disponibles en la **Tabla 4** correspondiente a la distribución *Normal* (Z) bilateral.

Para determinar el valor crítico, se debe tomar como referencia el nivel de significación $\alpha = 0,05$ seleccionado en el paso 2, el cual es determinado por el propio investigador. Si consultamos la **Tabla 4**, observaremos que el valor crítico para $\alpha = 0,05$ corresponde a un valor de $Z = \pm 1,96$ en la distribución *Normal* (Z).

5. **Tomar la decisión:**

    a. Comparar el estadístico Z calculado con el valor crítico:

Z calculado $= 1,41 < Z$ crítico $= \pm 1,96$

b. Tomar la decisión: dado que el estadístico Z calculado ($Z = 1,41$) es *menor* que el valor crítico ($Z = \pm\,1,96$) debemos **aceptar la hipótesis nula (H_0).** Por lo tanto, se cumple que:

$$H_0: \mu = 14$$
$$H_1: \mu \neq 14$$

Solución: Con un nivel de confianza del 95%, se concluye que la concentración media de hemoglobina (g/dL) en los pacientes que han tomado el suplemento dietético durante un mes es igual a la media poblacional.

Al representarlo queda de la siguiente manera:

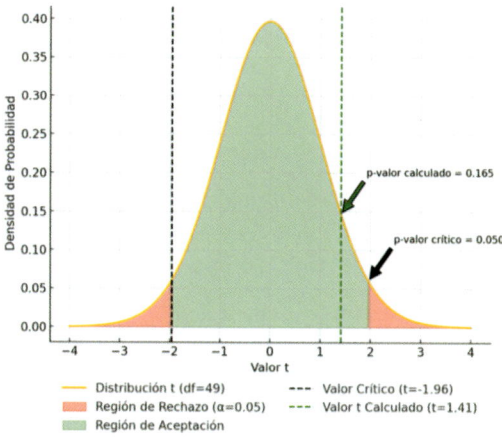

Figura 6. *Región de aceptación y rechazo de H_0 en una prueba de hipótesis.* El gráfico muestra una distribución *Normal* estándar Z, donde la curva naranja representa la densidad de probabilidad de la distribución. La región sombreada en rojo a ambos lados de la línea negra punteada indica la región de rechazo de H_0 para un nivel de

significación de $\alpha = 0,05$, con un valor crítico $Z = \pm 1,96$ mientras que la sombreada en verde representa la región de aceptación de H_0. La línea verde punteada muestra el valor $Z = 1,41$. Como el valor $Z = 1,41$ es menor que el valor crítico ($\pm 1,96$), cae en la región de aceptación, lo que sugiere que no debemos rechazar la hipótesis nula (H_0). Esto implica, con un 95% de confianza, que no hay suficiente evidencia para afirmar que la media de nivel de hemoglobina en pacientes que han tomado el suplemento dietético durante un mes sea diferente a la media poblacional de 14 g/dL.

Como hemos visto, aceptar la hipótesis nula (H_0) implica que la diferencia entre la media muestral y la media poblacional no es lo suficientemente significativa como para considerarlas distintas. Veamos ahora otro ejemplo en el que el resultado nos lleva a rechazar la hipótesis nula (H_0) y aceptar la alternativa (H_1).

Ejemplo 7. *¿Fumar provoca un incremento del peso?* Se desea determinar si los fumadores tienen un peso mayor al promedio de la población general, cuya media es $\mu = 70$ kg. En una muestra de $n = 30$ fumadores, se obtuvo una media de $\bar{X} = 75$ kg con una desviación típica de $S = 5$.

1. Elaborar la hipótesis operativa:

Hipótesis nula (H_0): el peso de los fumadores es igual o menor que la media poblacional (70 kg).

$$H_0 : \mu \leq 70$$

Hipótesis alternativa (H_1): el peso de los fumadores es mayor que la media poblacional (70 kg).

$$H_1: \mu > 70$$

En definitiva, el sistema de hipótesis quedaría expresado de la siguiente manera:

$$H_0: \mu \leq 70$$
$$H_1: \mu > 70$$

Volviendo a lo que vimos antes, como estamos tratando con una hipótesis que habla de *superioridad* o *inferioridad*, el veredicto que pronunciemos al finalizar la prueba debe responder, a diferencia del de igualdad, si el promedio de la muestra es mayor o por el contrario igual o menor al de la población.

En este ocasión, se trataría de una **prueba de contraste de hipótesis unilateral** en la que la región de rechazo de H_0 se sitúa en tan sólo uno de los extremos (*cola*) de la distribución.

2. **Seleccionar el nivel de significación**: se elige un nivel de significación de α, lo que implica que existe tan sólo un 5% de probabilidad de rechazar la hipótesis nula (H_0) cuando en realidad es cierta.

   Es decir que hay un 5% de riesgo de equivocarnos al concluir que los fumadores pesan más que el promedio de la población, cuando en realidad no hay diferencia o incluso pesan menos.

3. **Calcular el estadístico de la prueba**: para ello, utilizaremos una fórmula que tiene en cuenta tanto los datos que hemos recogido en la muestra como los poblacionales, y que detallamos a continuación:

$$t = \frac{\bar{X} - \mu}{\frac{S}{\sqrt{n}}} \Rightarrow t = \frac{75 - 70}{\frac{5}{\sqrt{30}}} = 5,5$$

Donde,
Datos de la muestra
$\bar{X} = 75$ Kg
$S = 5$ Kg
$n = 30$
Datos de la población
$\mu = 70$ Kg

Aquí hay que hacer una aclaración. Dado que el tamaño de la muestra es $n \leq 30$, no podemos usar la fórmula de la *Normal* (Z) que aplicamos en el **Ejemplo 6**. Esa fórmula solo se utiliza si la muestra es $n \geq 30$ dado que no está preparada para estudios con un bajo tamaño muestral.

En su lugar, utilizaremos la distribución t-*Student*, que, aunque es bastante parecida, es la más adecuada ante contextos, como este ejemplo, en el que tenemos muestras pequeñas ($n = 30$).

4. Determinar el valor crítico:

a. Determinar los grados de libertad: los grados de libertad (*df*) para una prueba *t-Student* se calculan como el tamaño de la muestra menos uno.

$$df = n-1$$

Para una muestra de $n = 30$ sujetos, los grados de libertad (*df*) son:

$$df = 30 - 1 = 29$$

b. Encontrar el valor crítico de *t-Student*: Para encontrar el valor crítico adecuado, se debe consultar la **Tabla 7** correspondiente a la distribución de *t-Student* (*unilateral*) en la sección **Tablas** que puede encontrar al final de este libro.

Para una muestra de $df = n - 1 = 30 - 1 = 29$ grados de libertad y un nivel de confianza del 95%, el valor crítico se ubica en la intersección entre $df = 29$ y $\alpha = 0,05$). Por lo tanto, según la **Tabla 7** el valor crítico para $\alpha = 0,05$ y $df = 29$ es $t = 1,699$.

5. Tomar la decisión:

a. Comparar el estadístico t calculado con el valor crítico:

$$t \text{ calculado} = 5,5 > t \text{ crítico} = 1,699$$

b. Tomar la decisión: dado que el estadístico t calculado $(t = 5,5)$ es mayor que el valor crítico $(t = 1,699)$, nos encontramos en la situación de tener que **rechazar la hipótesis nula (H_0)** y de **aceptar la hipótesis alternativa (H_1)**. En este ejemplo se cumple que:

$$H_0: \mu \leq 70$$
$$\boldsymbol{H_1: \mu > 70}$$

Solución: Con un nivel de confianza del 95%, se puede afirmar que el peso de los fumadores es superior a la media poblacional de 70 kg.

En el siguiente gráfico se presenta una representación visual de los resultados obtenidos en la prueba de contraste de hipótesis previamente descrita:

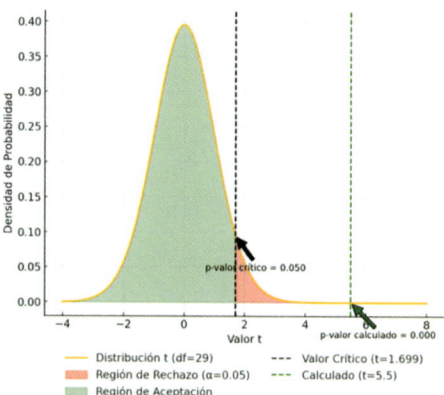

Figura 7. *Región de aceptación y rechazo de H_0 en una prueba de hipótesis.* El gráfico muestra una prueba unilateral de la distribución t-*Student* con 29 grados de libertad, donde la curva naranja representa la densidad de probabilidad de la distribución. La región sombreada en rojo a la derecha de la línea negra punteada indica la región de rechazo de H_0 para un nivel de significación de $\alpha = 0,05$, con un valor crítico de $t = 1,699$. A la izquierda, la región coloreada en verde es la región de aceptación de H_0. La línea verde punteada muestra el valor $t = 5,5$. Dado que el valor de $t = 5,5$ (p = 0.000) es mayor que el valor crítico $t = 1,699$ (p = 0,05) y cae en la región de rechazo, indica que debemos rechazar la hipótesis nula H_0. Esto nos conduce a afirmar, con un 95% de confianza, que el peso de los fumadores es mayor que la media poblacional de 70 kg.

Ejemplo 8. *¿El nuevo antihipertensivo disminuye la presión arterial?* Se desea investigar si el uso de un antihipertensivo disminuye la presión arterial sistólica en pacientes hipertensos en comparación con la media de la población general, que es de $\mu = 120$ mmHg. El equipo a cargo de esta investigación realizó un muestreo aleatorio de $n = 40$ pacientes, obteniéndose una media de $\bar{X} = 122$ mmHg y una desviación típica de $S = 10$ mmHg.

271

1. **Elaborar la hipótesis operativa:**

Hipótesis nula (H_0): la media de la presión arterial sistólica en pacientes tratados con el antihipertensivo es igual a la media poblacional.

$$H_0: \mu = 120$$

Hipótesis alternativa (H_1): la media de la presión arterial sistólica en pacientes tratados con el antihipertensivo es diferente a la media poblacional.

$$H_1: \mu \neq 120$$

Por lo tanto, el sistema de hipótesis podemos escribirlo del siguiente modo:

$$H_0: \mu = 120$$
$$H_1: \mu \neq 120$$

Recuerda que, si planteamos la prueba en términos de *igualdad*, estaríamos hablando de una **prueba de contraste de hipótesis bilateral**. Esto significa que, como ya hemos explicado en los ejemplos anteriores, la región de rechazo de H_0 se ubicará en ambos extremos de la distribución de probabilidad.

2. **Seleccionar el nivel de significación**: siguiendo con el ejemplo que nos ocupa, los investigadores han decidido fijar el nivel de significación en $\alpha = 0{,}05$, lo que indica que asumen un riesgo del 5% de equivocarse rechazando H_0 siendo esta verdadera.

   En otras palabras, estamos aceptando un 5% de riesgo de equivocarnos al concluir que la media de la presión arterial sistólica en pacientes que han seguido un tratamiento antihipertensivo durante un mes es diferente de la media poblacional, cuando en realidad no lo es.

3. **Calcular el estadístico de la prueba**: éste se calcula mediante la fórmula a partir de los datos de la muestra y de la población.

$$t = \frac{\bar{X} - \mu}{\frac{S}{\sqrt{n}}} \Rightarrow t = \frac{122 - 120}{\frac{10}{\sqrt{40}}} = 2{,}53$$

Donde,

Datos de la muestra

$\bar{X} = 122$ mmHg

$S = 10$

$n = 40$

Datos de la población

$\mu = 120$ mmHg

4. Determinar el valor crítico:

a. Determinar los grados de libertad:

$$df = n-1$$

Para una muestra de $n = 40$ sujetos:

$$df = 40-1=39$$

b. Encontrar el valor crítico de t-*Student:* para encontrar el valor crítico de t debe utilizar los valores de probabilidad disponibles en la **Tabla 6** correspondiente a la distribución de t-*Student* (*bilateral*) en la sección **Tablas**.

Para una muestra de $df = n - 1 = 40 - 1 = 39$ grados de libertad y un nivel de confianza del 95%, el valor crítico se ubica en la intersección entre $df = 39$ y $\alpha = 0,05$. Según la **Tabla 6** el valor crítico para $\alpha = 0,05$ y $df = 39$ es $t = \pm 2,023$.

5. Tomar la decisión:

a. Comparar el estadístico t calculado con el valor t crítico:

$$t \text{ calculado} = 2,53 > t \text{ crítico} = \pm 2,023$$

b. Tomar la decisión: dado que el estadístico t calculado ($t = 2{,}53$) es mayor que el valor crítico ($t =\pm 2{,}023$), nos encontramos en la **región de rechazo de la hipótesis nula (H_0)** y en consecuencia debemos **aceptar la hipótesis alternativa (H_1)**. Así, se cumple que:

$$H_0\colon \mu = 120$$
$$\boldsymbol{H_1\colon \mu \neq 120}$$

Solución: Con un nivel de confianza del 95%, hay suficiente evidencia para afirmar que la media de presión arterial sistólica en pacientes que han seguido un tratamiento antihipertensivo durante un mes es diferente a la media poblacional de 120 mmHg. En la figura que se muestra a continuación se representan los resultados del contraste:

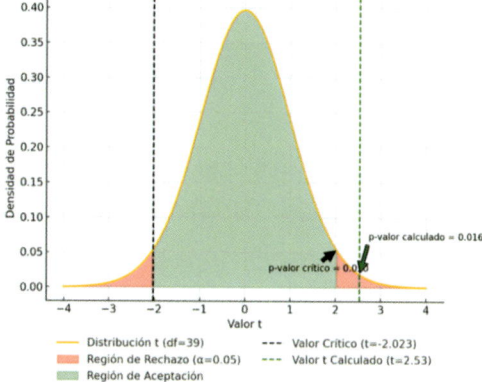

Figura 8. *Región de aceptación y rechazo de H_0 en una prueba de hipótesis.* El gráfico muestra la distribución *t-Student* con 39 grados de libertad, donde la curva naranja

representa la densidad de probabilidad de la distribución. La región sombreada en rojo a ambos lados de la línea negra punteada indica la región de rechazo de H_0 para un nivel de significación de $\alpha = 0,05$, con un valor crítico aproximado de $t = 2,023$. En cambio, la región verde de la curva define la región de aceptación de H_0. Por otra parte, la línea verde punteada muestra el valor $t = 2,53$. Como el valor t calculado ($t = 2,53$, p $= 0,016$) es mayor que el valor crítico ($t = 2,023$, p $= 0,05$), cae en la región de rechazo, lo que sugiere que debemos rechazar la hipótesis nula (H_0). Esto implica, con un 95% de confianza, que la media de presión arterial sistólica en pacientes que han seguido un tratamiento antihipertensivo durante un mes es diferente a la media poblacional de 120 mmHg.

6.2.1.2. Prueba de contraste de hipótesis de medias de dos muestras emparejadas

La **prueba de contraste de hipótesis para medias emparejadas** es un procedimiento muy interesante cuando queremos saber si existen diferencias significativas entre dos medias obtenidas en el mismo grupo de sujetos. Este análisis se basa en la comparación de datos recogidos por pares, es decir, mediciones efectuadas en los mismos individuos bajo dos condiciones diferentes.

Esta prueba es ideal para comparar las medias de los resultados tras exponer a los mismos sujetos a dos tratamientos distintos. Asimismo, también se puede utilizar para evaluar si se han producido cambios en una variable específica dentro del mismo grupo de personas, pero en dos momentos temporales distintos como, por ejemplo, antes y después de una intervención.

Para llevar a cabo el contraste de hipótesis de dos medias emparejadas seguiremos los siguientes pasos:

1. **Formular la hipótesis operativa:**

Hipótesis nula (H_0): no hay diferencias significativas entre las medias de los dos conjuntos de datos.

$$H_0: \mu_d = 0$$

Hipótesis alternativa (H_1): existen diferencias significativas entre las medias de los dos conjuntos de datos.

$$H_1: \mu_d \neq 0$$

Aquí, el valor 0 indica que la diferencia entre las medias es igual a cero, o mejor dicho que las medias de los dos grupos no son diferentes entre sí.

De esta manera, el sistema de hipótesis quedaría expresado de la siguiente forma:

$$H_0: \mu_d = 0$$
$$H_1: \mu_d \neq 0$$

2. **Seleccionar el nivel de significación:** se selecciona un nivel de significación de $\alpha = 0,05$ o $\alpha = 0,01$, dependiendo del rigor requerido.

3. **Calcular la media y la desviación típica de las diferencias:** se calcula la media ($\bar{d}$) y la desviación

típica (S_d) de las diferencias entre los dos conjuntos de datos.

4. **Calcular el estadístico de la prueba**: se calcula utilizando la fórmula para la prueba t-*Student* de medias emparejadas definida por los términos siguientes:

$$t = \frac{\bar{d}}{\frac{S_d}{\sqrt{n}}}$$

Donde,

$\bar{d}$ = Media de las diferencias

S_d = Desviación estándar de las diferencias

n = Tamaño de la muestra

5. **Determinar el valor crítico**: a continuación, se compara el valor calculado del estadístico de la prueba con el valor crítico de la distribución t-*Student* para un nivel dado de significación α.

6. **Tomar la decisión**: se compara el valor calculado del estadístico de la prueba con el valor crítico.
   a. Si el valor del estadístico de contraste es menor al valor crítico nos encontraríamos en la **región de aceptación de la hipótesis nula H_0**. Esto indicaría que no existen

pruebas suficientes para afirmar que las medias de los dos conjuntos de datos son diferentes.

b. En cambio, si el estadístico de contraste es mayor que el valor crítico nos situaría en la **región de rechazo de la hipótesis nula H_0** y por consiguiente la **aceptación de la hipótesis alternativa H_1**.

Esto apuntaría a que existen pruebas suficientes para afirmar que las medias de los dos conjuntos de datos son diferentes.

A continuación, veamos dos ejemplos concretos de cómo aplicar esta prueba de hipótesis en las dos situaciones mencionadas. En primer lugar, compararemos los resultados en un mismo grupo de sujetos expuestos a **dos condiciones diferentes**, y en segundo lugar evaluaremos las diferencias producidas en **dos momentos distintos del tiempo**.

Ejemplo 9. *¿Es diferente la fuerza muscular alcanzada al aplicar el nuevo tratamiento frente a la terapia tradicional en pacientes con lesiones del hombro?* Se quiere determinar si los efectos de un nuevo tratamiento de rehabilitación difieren del método tradicional en términos de fuerza muscular en pacientes que han sufrido lesiones de hombro.

Para ello se selecciona aleatoriamente una muestra de $n = 10$ pacientes cada uno de los cuales recibe ambos tratamientos. Se desea conocer las diferencias entre el tratamiento tradicional y el nuevo método con un nivel de confianza del 95%.

1. **Formular la hipótesis:**

Hipótesis nula (H_0): las medias de fuerza muscular tras la aplicación del tratamiento tradicional y el nuevo método no son diferentes entre sí.

$$H_0: \mu_d = 0$$

Hipótesis alternativa (H_1): las medias de fuerza muscular tras la aplicación del tratamiento tradicional y el nuevo método son diferentes entre sí.

$$H_1: \mu_d \neq 0$$

El sistema de hipótesis quedaría expresado de la siguiente forma:

$$H_0: \mu_d = 0$$
$$H_1: \mu_d \neq 0$$

2. **Seleccionar el nivel de significación:** se utilizará como nivel crítico el 95%, esto es, un $\alpha = 0,05$.

3. **Calcular la media ($\bar{d}$) y la desviación típica de las diferencias (S_d):**

Paciente	Mejora con el tratamiento tradicional	Mejora con el tratamiento nuevo	Diferencia $(\bar{d})$
1	7	9	2
2	5	6	1
3	8	7	−1
4	6	8	2
5	9	10	1
6	4	5	1
7	6	7	1
8	8	9	1
9	7	8	1
10	10	11	1

Tabla 3. En esta tabla, la primera columna *Paciente* indica el número de identificación de cada participante. La columna *Mejora con el tratamiento tradicional* muestra la mejora en la fuerza muscular atribuida al método tradicional, mientras que la tercera *Mejora con el tratamiento nuevo* refleja la ganancia en la fuerza muscular producida por el nuevo método de rehabilitación. Finalmente, la columna *Diferencia* $(\bar{d})$ representa la diferencia en la mejora en la fuerza muscular entre ambos tratamientos.

a. Cálculo de la media de las diferencias $(\bar{d})$: se calcula sumando todas las diferencias y dividiendo por el número total de diferencias.

$$\bar{d} = \frac{\Sigma d_i}{n} = \frac{2 + 1 - 1 + 2 + 1 + 1 + 1 + 1 + 1 + 1}{10}$$

$$\bar{d} = \frac{10}{10} = 1$$

Por lo tanto, la media de las diferencias es $\bar{d} = 1$.

b. Cálculo de la desviación típica de las diferencias (S_d):

$$S_d = \sqrt{\frac{\Sigma(d_i - \bar{d})^2}{n - 1}}$$

Donde,

d_i = Diferencias individuales

$\bar{d}$ = Media de las diferencias

n = Tamaño muestral

$$S_d = \sqrt{\frac{(2 - 1)^2 + (1 - 1)^2 + (-1 - 1)^2 + (2 - 1)^2}{10 - 1}}$$

$$S_d = \sqrt{\frac{+ (1 - 1)^2 + (1 - 1)^2 + (1 - 1)^2 + (1 - 1)^2}{10 - 1}}$$

$$S_d = \sqrt{\frac{+ (1 - 1)^2 + (1 - 1)^2}{10 - 1}} = \sqrt{\frac{6}{9}} = 0,816$$

4. **Calcular el estadístico de la prueba:**

$$t = \frac{\bar{d}}{\frac{S_d}{\sqrt{n}}} = \frac{1}{\frac{0,816}{\sqrt{10}}} = 3,87$$

5. **Determinar el valor crítico:**

a. Determinar los grados de libertad: los grados de libertad (*df*) para una prueba *t-Student* de una muestra se calculan como el tamaño de la muestra menos uno.

$$df = n-1$$

Para nuestra muestra de $n = 10$ sujetos:

$$df = 10 - 1 = 9$$

c. Encontrar el valor crítico de *t-Student:* para encontrar el valor crítico de *t* debe utilizar los valores de probabilidad disponibles en la **Tabla 6** correspondiente a la distribución de *t-Student* (*bilateral*) que puede localizar en la sección **Tablas.**

Para una muestra de $df = n - 1 = 10 - 1 = 9$ grados de libertad y un nivel de confianza del 95%, el valor crítico se ubica en la intersección entre $df = 9$ y $\alpha = 0,05$. Según la **Tabla 6** el valor crítico para $\alpha = 0,05$ y $df = 9$ es de $t = \pm 2,262$.

6. **Tomar la decisión**:

a. Comparar el estadístico *t* calculado con el valor crítico:

$$t \text{ calculado} = 3{,}876 > t \text{ crítico} = \pm\, 2{,}262$$

b. Tomar la decisión: dado que el estadístico t calculado ($t = 3{,}876$) es mayor que el valor crítico ($t = \pm\, 2{,}262$) nos encontraríamos en la **región de rechazo** de la **hipótesis nula** H_0 y, por lo tanto, de **aceptación** de la **hipótesis alternativa** H_1:

$$H_0 : \mu_d = 0$$
$$\boldsymbol{H_1 : \mu_d \neq 0}$$

Solución: Con un nivel de confianza del 95%, existe suficiente evidencia para afirmar que la fuerza muscular después de aplicar el nuevo tratamiento difiere de la fuerza alcanzada con el tratamiento tradicional. A continuación, se representa gráficamente el resultado de la prueba de hipótesis:

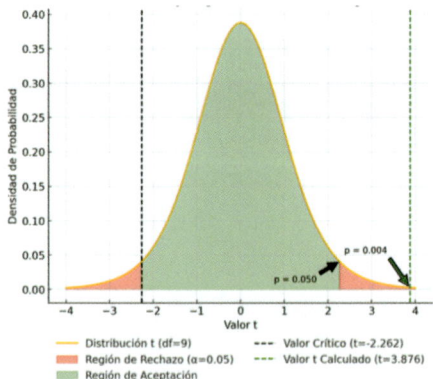

Figura 9. *Región de aceptación y rechazo de H_0 en una prueba de hipótesis.* Esta gráfica muestra la distribución *t-Student* con 9 grados de libertad. La curva naranja

representa la densidad de probabilidad de la distribución t. Las áreas sombreadas en rojo indican las regiones de rechazo para un nivel de significación del 5% (α = 0,05). Las líneas negras discontinuas marcan los valores críticos de t ($t = \pm 2,262$), y la línea verde discontinua indica el valor t calculado ($t = 3,876$) cuya probabilidad es $p = 0,004$. La flecha negra muestra el valor p correspondiente al valor crítico de t ($p = 0,05$). Dado que el valor t calculado cae dentro de la región de rechazo (H_0), se rechaza la hipótesis nula en favor de la hipótesis alternativa (H_1).

Como vimos en el ejemplo anterior, usar pruebas de contraste de hipótesis para medias emparejadas nos ha ayudado a detectar si hay diferencias cuando se aplican dos tratamientos distintos al mismo grupo de pacientes.

Ahora veremos otro caso, en el que el objetivo será evaluar si hay cambios en la variable dependiente que puedan atribuirse a un tratamiento específico en **dos momentos diferentes en el tiempo.**

Ejemplo 10. *¿Reduce un nuevo programa de ejercicios el índice de masa corporal (IMC) en niños con sobrepeso y obesidad?* Se desea determinar si un nuevo programa de ejercicios aeróbicos reduce significativamente el índice de masa corporal (IMC) en niños que padecen de sobrepeso y obesidad. Para ello, se seleccionó aleatoriamente una muestra de simple $n = 15$ niños. Se quieren conocer las diferencias en el IMC antes y después del tratamiento asumiendo un nivel de significación del 95%.

1. **Formular la hipótesis operativa:**

Hipótesis nula (H_0): las medias de IMC antes y después del programa de ejercicio no son diferentes.

$$H_0: \mu_d = 0$$

Hipótesis alternativa (H_1): las medias de IMC antes y después del programa de ejercicio son diferentes.

$$H_1: \mu_d \neq 0$$

El sistema de hipótesis quedaría reflejado de la siguiente manera:

$$H_0: \mu_d = 0$$
$$H_1: \mu_d \neq 0$$

2. **Seleccionar el nivel de significación:** se utilizará como nivel crítico el 95% o lo que es lo mismo $\alpha = 0,05$.

3. **Calcular la media** $(\bar{d})$ **y la desviación típica de las diferencias** (S_d):

Participante	IMC antes del tratamiento (Kg/m²)	IMC después del tratamiento (Kg/m²)	Diferencia $(\bar{d})$
1	30	28	− 2
2	32	30	− 2
3	28	27	− 1
4	35	32	− 3
5	29	28	− 1

6	31	29	− 2
7	34	31	− 3
8	33	31	− 2
9	29	28	−1
10	30	27	−3
11	31	28	−3
12	32	29	−3
13	33	30	−3
14	28	26	−2
15	29	27	−2

Tabla 4. En esta tabla, la primera columna clasifica a los participantes del estudio de forma correlativa. El IMC observado antes del tratamiento aparece agrupado en la segunda columna, mientras que la tercera corresponde al IMC después del programa de ejercicio aeróbico. Por último, la cuarta columna presenta el cálculo de la diferencia entre el IMC observado antes y después del tratamiento para cada individuo.

a. Calcular la media de las diferencias ($\bar{d}$): se calcula sumando todas las diferencias y dividiendo por el número total de diferencias expuestas en la tabla anterior.

$$\bar{d} = \frac{\Sigma\, d_i}{n}$$

$$\bar{d} = \frac{(-2) + (-2) + (-1) + (-3) + (-1) + (-2)}{15}$$

$$\frac{(-3) + (-2) + (-1) + (-3) + (-3) + (-3) + (-3)}{15}$$

$$\frac{(-2) + (-2) +}{15} = \frac{-33}{15} = -2,2$$

Por lo tanto, la media de las diferencias es $\bar{d} = -2,2$.

b. Calcular la desviación típica: ésta se obtiene aplicando la fórmula para la desviación típica de una muestra.

$$S_d = \sqrt{\frac{\Sigma(d_i - \bar{d})^2}{n-1}}$$

Donde,

d_i = Diferencias individuales

$\bar{d}$ = Media de las diferencias

n = Tamaño muestral

$$S_d = \sqrt{\frac{(-2-2,2)^2 + (-2-2,2)^2 + \ldots + (-2-2,2)^2}{15-1}} =$$

$$S_d = \sqrt{\frac{8,64 + 8,64 + \ldots + 8,64}{15-1}} =$$

$$S_d = \sqrt{\frac{201,68}{14}} = 3,79$$

4. **Calcular el estadístico de la prueba**:

$$t = \frac{\bar{d}}{\frac{S_d}{\sqrt{n}}} = \frac{-2.2}{\frac{3{,}79}{\sqrt{15}}} = -2.25$$

5. **Determinar el valor crítico**:

   b. Determinar los grados de libertad: los grados de libertad (df) para una prueba t de una muestra se calculan como el tamaño de la muestra menos uno.

   $$df = n-1$$

   Para una muestra de 15 sujetos:

   $$df = 15-1=14$$

   d. Encontrar el valor crítico de t: consulte **Tabla 6** correspondiente a la distribución de t de *Student* (*bilateral*) para encontrar el valor crítico de t.

En una muestra con grados de libertad $df = n - 1 = 15 - 1 = 14$ y un nivel de confianza del 95%, el valor crítico se ubica en la intersección entre $df = 14$ y $\alpha = 0{,}05$. Dicho valor es aproximadamente de $t = \pm 2{,}145$.

Recuerda que este valor puede ser tanto positivo como negativo porque, al tratarse de una prueba bilateral (*dos colas*) formulada en términos de *igualdad*, los valores críticos se encuentran en ambos extremos de la distribución para el nivel de significación dado α.

6. **Tomar la decisión:**

   a. Comparar el estadístico t calculado con el valor crítico correspondiente.

   $$t \text{ calculado} = -2{,}25 < t \text{ crítico} = -2{,}145$$

   b. Tomar la decisión: dado que el estadístico t calculado ($t = -2{,}25$) es menor que el valor crítico ($t = -2{,}145$), nos encontramos en la **región de rechazo** de la **hipótesis nula H_0** y de aceptación de la **hipótesis alternativa H_1**:

   $$H_0 : \mu_d = 0$$
   $$\boldsymbol{H_1 : \mu_d \neq 0}$$

Solución: Con un nivel de confianza del 95%, hay suficiente evidencia para afirmar que las medias de IMC de los niños con sobrepeso y obesidad antes y después del programa de ejercicio son diferentes.

Veamos cómo quedaría el resultado de la prueba de hipótesis representado a través de un gráfico:

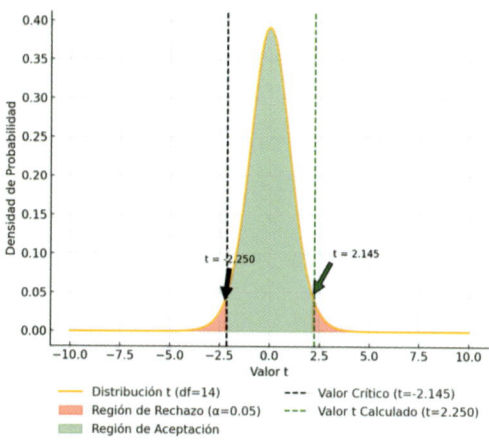

Figura 10. *Región de aceptación y rechazo de H_0 en una prueba de hipótesis.* Esta gráfica muestra la distribución *t-Student* con 14 grados de libertad. La curva azul representa la densidad de probabilidad de la distribución *t*. Las áreas sombreadas en rojo indican las regiones de rechazo para un nivel de significación del 5% ($\alpha = 0,05$). Las áreas sombreadas en verde indican la región de aceptación de la hipótesis nula (H_0). Las líneas negras discontinuas marcan los valores críticos de *t* ($t = \pm 2,145$). La línea verde discontinua indica el valor *t* calculado ($t = -2,25$), cuyo valor p es $p = 0,020$. El punto negro muestra el valor p correspondiente al valor crítico de *t* ($p = 0,05$). Dado que el valor t calculado cae dentro de la región de rechazo (H_0), se rechaza la hipótesis nula a favor de la hipótesis alternativa (H_1). Esto sugiere que, con un nivel de confianza del 95%, hay suficiente evidencia para afirmar que existen diferencias estadísticamente significativas en la reducción del IMC de los niños con sobrepeso y obesidad entre antes y después del programa de ejercicio.

6.2.1.3. Prueba de contraste de hipótesis de medias de dos muestras independientes

La **prueba de contraste de hipótesis para medias**

independientes sirve para conocer si existen diferencias en las medias entre dos grupos que no tienen relación entre sí. A diferencia de otras pruebas, como las que vimos antes que comparaban datos emparejados, este test se usa cuando los grupos son completamente independientes, es decir, cuando las mediciones que se hacen a uno de ellos no afectan en nada al otro.

Este procedimiento se usa mucho para detectar si hay diferencias en las variables que se están estudiando, después de que los grupos hayan sido expuestos a dos condiciones diferentes o hayan recibido dos tratamientos distintos. Por ejemplo, conocer si los niveles de ansiedad cambian entre un grupo que recibió terapia psicológica y otro que no.

A continuación, se expone el procedimiento para resolver este tipo de prueba de contraste:

1. **Elaborar la hipótesis operativa:**

Hipótesis nula (H_0): las medias obtenidas por los dos grupos son iguales.

$$H_0: \mu_x = \mu_y$$

Hipótesis alternativa (H_1): las medias obtenidas por los dos grupos no son iguales.

$$H_1: \mu_x \neq \mu_y$$

En consecuencia, el sistema de hipótesis puede expresarse como:

$$H_0: \mu_x = \mu_y$$
$$H_1: \mu_x \neq \mu_y$$

2. **Seleccionar el nivel de significación**: comúnmente se utiliza $\alpha = 0{,}05$ o $\alpha = 0{,}01$.

3. **Calcular el estadístico de la prueba**: se utiliza el estadístico de contraste *t-Student* para muestras independientes con igualdad de varianzas. Esto requiere que antes que nada realicemos los siguientes cálculos:

   a. Determinar las medias muestrales de las dos variables $(\overline{X}, \overline{Y})$:

Para la variable X_i:

$$\overline{X} = \frac{\Sigma X_i}{n}$$

Para la variable Y_i:

$$\overline{Y} = \frac{\Sigma Y_i}{n}$$

b. Calcular las varianzas de las dos variables (S_x^2, S_y^2):

Para la variable X_i:

$$S_x^2 = \frac{\Sigma(X - \bar{X})^2}{n - 1}$$

Para la variable Y_i:

$$S_y^2 = \frac{\Sigma(Y - \bar{Y})^2}{n - 1}$$

c. Determinar la **varianza combinada** a partir de la siguiente fórmula:

$$S_p^2 = \frac{(n_x - 1) \times S_x^2 + (n_y - 1) \times S_y^2}{n_x + n_y - 2}$$

d. Calcular el estadístico de la prueba *t-Student*:

$$t = \frac{|\bar{X} - \bar{Y}|}{S_p \sqrt{\dfrac{1}{n_x} + \dfrac{1}{n_y}}}$$

4. **Determinar el valor crítico**:

   a. Determinar los grados de libertad: utilice para ello la siguiente fórmula.

$$df = n_x + n_y - 2$$

Donde,

n_x = Tamaño muestral de la variable X_i

n_y = Tamaño muestral de la variable Y_i

   Por ejemplo, para una muestra en la que una variable $n_x = 15$ sujetos y la otra sea $n_y = 15$, los *df* serán:

$$df = 15 + 15 - 2 = 28$$

   b. Encontrar el valor crítico de *t-Student:* para encontrar el valor crítico de t, se debe utilizar la **Tabla 6** de la distribución de probabilidad de *t-Student* (*bilateral*) disponibles en el apartado **Tablas** al final de este libro.

   Para conocer el nivel crítico se necesita conocer el nivel de significación, en este caso, $\alpha = 0,05$ y los grados de libertad *df* = 28. Según la **Tabla 6**, el nivel crítico de la distribución de *t-Student* para $\alpha = 0,05$ y *df* = 28 es aproximadamente de $t = \pm 2,048$.

7. **Tomar la decisión**: se compara el valor calculado del estadístico de prueba con el valor crítico y/o el valor p.

    a. Si el valor del estadístico calculado no cae en la región de rechazo se debe **aceptar la hipótesis nula H_0**. Esto significa que no existen pruebas lo suficientemente relevantes para afirmar que las medias de las dos poblaciones sean diferentes.

    b. Si el estadístico cae en la región de rechazo se **descarta la hipótesis nula H_0** en **favor de la hipótesis alternativa H_1**. Esto significa que existen pruebas concluyentes para afirmar que las medias de las dos muestras son diferentes.

Lea con atención el siguiente caso para comprender mejor cómo calcular la prueba de contraste para medias de dos muestras independientes:

Ejemplo 11. *¿Hay diferencias en el nivel de colesterol según la cantidad de grasas incluidas en la dieta?* El objetivo de este estudio es determinar si existen diferencias significativas en los niveles de colesterol entre dos grupos de pacientes: uno que sigue una dieta baja en grasas y otro que sigue una dieta alta en grasas. A través de un análisis comparativo, se pretende evaluar si la cantidad de grasa consumida impacta de manera significativa en los niveles de colesterol sanguíneo.

A continuación, se muestran los niveles de colesterol de los participantes registrados al final del experimento:

Grupo de dieta baja en grasas (mg/dL)	Grupo de dieta alta en grasas (mg/dL)
180,63	204,50
178,55	186,37
171,29	199,35
191,03	196,48
178,86	191,62
163,13	197,02
176,62	185,24
179,34	199,72
180,43	198,43
188,47	197,58
174,30	185,71
176,31	207,64
177,47	208,17
178,99	199,70

1. **Elaborar la hipótesis operativa**:

Hipótesis nula (H_0): el nivel medio de colesterol de los dos grupos de pacientes es igual.

$$H_0: \mu_x = \mu_y$$

Hipótesis alternativa (H_1): el nivel medio de colesterol de los dos grupos de pacientes no es igual.

$$H_1: \mu_x \neq \mu_y$$

El sistema de hipótesis a comparar es el siguiente:

$$H_0: \mu_x = \mu_y$$
$$H_1: \mu_x \neq \mu_y$$

2. **Seleccionar el nivel de significación**: comúnmente se utiliza $\alpha = 0,05$ o $\alpha = 0,01$.

3. **Calcular el estadístico de la prueba**: calculamos las medias y las varianzas muestrales considerando como tamaño muestral de los dos grupos $n_x = 15$ y $n_y = 15$.

   a. Calcular las medias muestrales de las dos variables $(\bar{X}, \bar{Y})$:

   $$\bar{X} = 180 \text{ mg/dL}$$
   $$\bar{Y} = 200 \text{ mg/dL}$$

   b. Calcular las varianzas de las dos variables (S_x^2, S_y^2):

   $$S_x^2 = 36$$
   $$S_y^2 = 49$$

   c. Determinar la varianza combinada a partir de la siguiente fórmula:

$$S_p^2 = \frac{(n_x - 1) \times S_x^2 + (n_y - 1) \times S_y^2}{n_x + n_y - 2}$$

$$S_p^2 = \frac{(15 - 1) \times 36 + (15 - 1) \times 49}{15 + 15 - 2}$$

$$S_p = \sqrt{42{,}5} = 6{,}52$$

d. Calcular el estadístico de la prueba t-*Student*:

$$t = \frac{|\bar{X} - \bar{Y}|}{S_p \sqrt{\dfrac{1}{n_X} + \dfrac{1}{n_Y}}}$$

Donde,

Grupo de dieta baja en grasas (X)

$\bar{X} = 180 \, \text{mg/dL}$

$S_x^2 = 36$

$n_x = 15$

Grupo de dieta alta en grasas (Y)

$\bar{Y} = 200 \, \text{mg/dL}$

$S_y^2 = 49$

$n_y = 15$

$$t = \frac{|180 - 200|}{6{,}52\sqrt{\dfrac{1}{15} + \dfrac{1}{15}}} = \frac{20}{6{,}52\sqrt{0{,}133}} = 8{,}40$$

4. **Determinar el valor crítico**:

    a. Determinar los grados de libertad:

$$df = n_x + n_y - 2$$

$$df = 15 + 15 - 2 = 28$$

    b. Encontrar el valor crítico de t: para encontrar el valor crítico de t, debe utilizar los valores de probabilidad que encontrará en la **Tabla 6** de la distribución de t-*Student* (*bilateral*) de la sección **Tablas**.

Para una muestra de $df = n_x + n_y - 2 = 15 + 15 - 2 = 28$ grados de libertad y un nivel de confianza del 95%, el valor crítico se ubica en la intersección entre $df = 28$ y $\alpha = 0,05$. Si buscamos en la **Tabla 6** el valor crítico para $\alpha = 0,05$ y $df = 28$ es aproximadamente de $t = \pm 2,048$.

5. **Tomar la decisión**:

    a. Comparar el estadístico t calculado con el valor crítico:

$$t \text{ calculado} = 8,40 < t \text{ crítico} = \pm 2,048$$

    b. Tomar la decisión: dado que el estadístico t calculado ($t = 8,40$) es mayor que el valor crítico ($t = \pm 2{,}048$), debemos descartar la **hipótesis nula H_0** y aceptar la **hipótesis alternativa H_1**:

$$H_0 : \mu_x = \mu_y$$
$$H_1 : \mu_x \neq \mu_y$$

Solución: Con un 95% de confianza, los niveles medios de colesterol entre los dos grupos de dieta baja y alta en grasa no son iguales.

A continuación, este gráfico le ayudará a entender mucho mejor los resultados obtenidos en el ejemplo anterior tras la aplicación de la prueba de contraste:

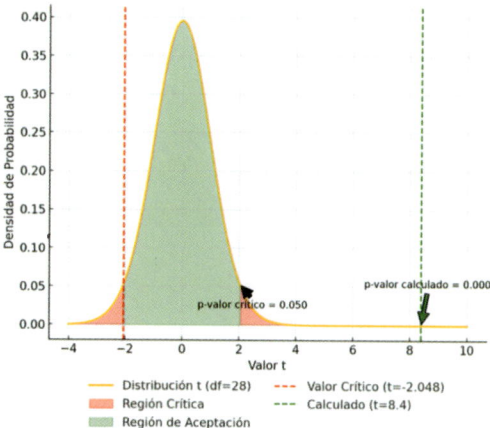

Figura 11. *Región de aceptación y rechazo de H_0 en una prueba de hipótesis.* La figura muestra la distribución t-*Student* con el valor crítico ($t \pm 2{,}048$, $p = 0{,}05$) representado con líneas punteadas rojas y el valor calculado ($t = 8{,}40$, $p = 0{,}000$), con valores punteados en verde para un nivel de $\alpha = 0{,}05$ y $df = 28$ grados de libertad. Las regiones sombreadas en rojo representan las áreas de rechazo para la hipótesis nula (H_0). Dado que el valor de probabilidad calculado queda fuera de la

región de aceptación (en verde), se rechaza la hipótesis nula (H_0) y se acepta la hipótesis alternativa (H_1), indicando esto que hay suficiente evidencia para afirmar que el nivel medio de colesterol de los dos grupos no es igual.

En este caso, la prueba de hipótesis de medias independientes nos ha permitido determinar si las dos medias son iguales o no. Sin embargo, en otros casos puede interesarnos saber si la media de un grupo es mayor o menor que la del otro.

El procedimiento es bastante similar al anterior, la única diferencia estriba en el sistema de hipótesis cuya relación no será de *igualdad* sino de *superioridad* o *inferioridad*.

Para resolver esta nueva situación presentamos el siguiente ejemplo práctico:

Ejemplo 12. *¿Aumenta la tolerancia a la glucosa con la edad en sujetos sanos?* Se pretende investigar si la tolerancia a la glucosa en personas sanas tiende a empeorar con el envejecimiento. Para ello, se realizó una prueba de tolerancia oral a la glucosa en dos grupos de sujetos sanos: uno compuesto por adultos y otro por jóvenes.

El test consistió en medir la concentración basal de glucosa en sangre previa a la ingesta de 100 g de glucosa, así como 60 minutos después. Los resultados que se obtuvieron fueron los siguientes:

Donde,

Concentración de glucosa en Adultos (X_i):
Basal (en mg/L): 96, 94, 93, 88, 79, 90, 86, 89, 81, 96
60 min (en mg/L): 196, 190, 191, 189, 159, 185, 182, 190, 170, 197

Concentración de glucosa en Jóvenes (Y_i):

Basal (en mg/L): 81, 89, 80, 75, 74, 97, 76, 89, 83, 77

60 min (en mg/L): 136, 150, 149, 141, 138, 154, 141, 155, 145, 147

1. **Elaboramos la hipótesis operativa:**

Hipótesis nula (H_0): la concentración de glucosa en sangre en adultos tras 60 minutos no es mayor que en los jóvenes.

$$H_0: \mu_x \leq \mu_y$$

Hipótesis alternativa (H_1): la concentración de glucosa en sangre en adultos tras 60 minutos es mayor que en los jóvenes.

$$H_1: \mu_x > \mu_y$$

En consecuencia, el sistema de hipótesis quedaría descrito tal y como exponemos a continuación:

$$H_0: \mu_x \leq \mu_y$$
$$H_1: \mu_x > \mu_y$$

2. **Seleccionar el nivel de significación:** $\alpha = 0,05$.

3. **Calcular el estadístico de la prueba:**

   a. Calcular las medias muestrales a partir de

los datos de los dos grupos a los 60 min después de la ingesta $(\bar{X}, \bar{Y})$:

$$\bar{X} = 184{,}9 \text{ mg/L}$$
$$\bar{Y} = 145{,}6 \text{ mg/L}$$

b. Calcular las varianzas de los dos conjuntos de datos correspondientes a 60 min después de la toma de glucosa (S_x^2, S_y^2):

$$S_x^2 = 141{,}83$$
$$S_y^2 = 42{,}64$$

c. Determinar la **varianza combinada** a partir de la siguiente fórmula:

$$S_p^2 = \frac{(n_x - 1) \times S_x^2 + (n_y - 1) \times S_y^2}{n_x + n_y - 2}$$

$$S_p^2 = \frac{(10 - 1) \times 141.83 + (10 - 1) \times 42.64}{10 + 10 - 2}$$

$$S_p^2 = 92{,}23$$

d. Una vez que hayamos determinado la **varianza combinada** S_p^2, el siguiente paso será calcular la **desviación típica combinada** S_p utilizando la siguiente fórmula:

$$S_p = \sqrt{92,23} = 9,60$$

e. Calcular el estadístico de la prueba:

$$t = \frac{|\bar{X} - \bar{Y}|}{S_p \sqrt{\dfrac{1}{n_x} + \dfrac{1}{n_y}}}$$

Donde,

Concentración de glucosa en Adultos a los 60 minutos (X_i):

$\bar{X} = 184,9$ mg/L

$S_x^2 = 141,83$

$n_x = 10$

Concentración de glucosa en Jóvenes a los 60 minutos (Y_i):

$\bar{Y} = 145,6$ mg/L

$S_y^2 = 42,64$

$n_y = 10$

$$t = \frac{|184,9 - 145,6|}{9,60\sqrt{\dfrac{1}{10} + \dfrac{1}{10}}} = \frac{39,93}{9,60\sqrt{0,2}} = 9,16$$

4. Determinar el valor crítico:

a. Determinar los grados de libertad:

$$df = n_x + n_y - 2$$

$$df = 10 + 10 - 2 = 18$$

b. Encontrar el valor crítico de *t-Student:* para encontrarlo debe consultar los valores de probabilidad disponibles en la **Tabla 7** correspondiente a la distribución de probabilidad de *t-Student* (*unilateral*) de la sección **Tablas**.

Para una muestra de $df = n_x + n_y - 2 = 10 + 10 - 2 = 18$ grados de libertad y un nivel de confianza del 95%, el valor crítico se ubica en la intersección entre $df = 18$ y $\alpha = 0,05$. De tal manera que si lo buscamos en la **Tabla 7** el valor es aproximadamente $t = \pm 1,734$.

5. Tomar la decisión:

a. Comparar el estadístico t calculado con el valor crítico:

$$t \text{ calculado} = 9,16 < t \text{ crítico} = 1,734$$

b. Tomar la decisión: dado que el estadístico t calculado ($t = 9,16$) es mayor que el valor crítico ($t = 1,734$). Por lo tanto, al encontrarnos en la **región de rechazo** debemos descartar la **hipótesis nula H_0** en favor de la **hipótesis alternativa H_1**:

$$H_0: \mu_x \leq \mu_y$$
$$\boldsymbol{H_1: \mu_x > \mu_y}$$

Solución: Con un 95% de confianza, podemos afirmar que la concentración de glucosa en sangre tras 60 minutos es significativamente mayor en los adultos que en los jóvenes.

En la figura que se muestra a continuación se representa los resultados de la prueba de contraste de hipótesis del ejemplo anterior:

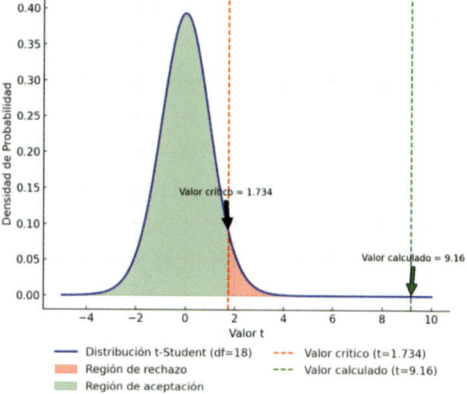

Figura 12. *Región de aceptación y rechazo de H_0 en una prueba de hipótesis.* La figura muestra la distribución de probabilidad de t-Student para un contraste unilateral

para un nivel de $\alpha = 0{,}05$ y 18 grados de libertad con el valor crítico $(t \pm 1{,}734)$ representado con una línea punteada roja y el valor calculado $(t = 9.16)$ en una línea punteada verde. Las regiones sombreadas en rojo reflejan las áreas de rechazo para la hipótesis nula (H_0). Dado que el estadístico de contraste calculado está fuera de la región de aceptación en verde debemos descartar la hipótesis nula (H_0) y aceptar la hipótesis alternativa (H_1) lo que indicaría que hay suficiente evidencia para afirmar que la concentración de glucosa en sangre en adultos tras 60 minutos es mayor que en los jóvenes.

A continuación, se expone a modo de resumen una tabla comparativa de las características más relevantes de los tres tipos de pruebas t que hemos visto: prueba t de una muestra, prueba t de dos muestras emparejadas y prueba t de dos muestras independientes:

Características	Prueba t de 1 muestra	Prueba t de 2 muestras emparejadas	Prueba t de 2 muestras independientes
Propósito	Comparar la media de una muestra con una media conocida o teórica	Comparar las medias de dos muestras relacionadas	Comparar las medias de dos muestras independientes
Hipótesis nula (H_0)	La media de la muestra es igual a la media teórica	La diferencia media entre las dos mediciones es cero	Las medias de las dos muestras son iguales
Hipótesis alternativa (H_1)	La media de la muestra es diferente de la media teórica	La diferencia media entre las dos mediciones no es cero	Las medias de las dos muestras no son iguales
Datos requeridos	Una muestra de datos y una media teórica	Dos conjuntos de datos emparejados	Dos conjuntos de datos independientes

Fórmula	$t = \dfrac{\bar{X} - \mu}{\dfrac{S}{\sqrt{n}}}$	$t = \dfrac{\bar{d}}{\dfrac{S_d}{\sqrt{n}}}$	$t = \dfrac{|\bar{X} - \bar{Y}|}{S_p \sqrt{\dfrac{1}{n_x} + \dfrac{1}{n_y}}}$
Grados de libertad (*df*)	$n - 1$	$n - 1$	$n_x + n_y - 2$
Asunciones	Normalidad de los datos, varianza conocida o grande tamaño de muestra	Normalidad de las diferencias, los pares son independientes entre sí	Normalidad de los datos en cada grupo, igualdad de varianzas, muestras independientes

Tabla 2. Comparación entre las pruebas de contraste de hipótesis de la distribución de probabilidad t-Student.

6.2.2. Pruebas de contraste de hipótesis para dos variables cualitativas

La prueba de *Chi*-cuadrado de Pearson (χ^2) mide la relación de independencia entre dos variables cualitativas o categóricas. Por independencia entendemos la situación en la que el comportamiento de una variable dependiente no está influido por la acción de la independiente.

Una característica clave de esta prueba es su naturaleza no paramétrica, lo que implica que, a diferencia de las pruebas de hipótesis que hemos estudiado hasta ahora— a saber, *Normal* (Z) y t-*Student*—, no supone que los datos de la muestra se ajusten a una distribución *Normal* (Z).

En consecuencia, la curva de densidad de *Chi*-cuadrado (χ^2) no se representará como una campana *gaussiana*, como la que veíamos en los capítulos anteriores, sino como una curva asimétrica definida únicamente por valores no negativos.

La prueba de contraste de χ^2 se aplica partiendo de datos muestrales agrupados en **tablas de contingencia**, un tipo de tabla muy útil para representar la relación existente entre dos o más variables de tipo categórico.

Un ejemplo de estas tablas son las conocidas como tablas de 2×2 que, como su propio nombre indica, representan la información de dos variables cualitativas definidas por dos categorías cada una.

La fórmula de la prueba de contraste de χ^2 se describe de la siguiente manera:

$$\chi^2 = \frac{\Sigma \left(O_{ij} - E_{ij}\right)^2}{E_{ij}}$$

Donde,

O_{ij} = Frecuencias observadas

E_{ij} = Frecuencias esperadas

Si observamos con detenimiento la fórmula de χ^2 puede comprobar por usted mismo que la prueba consiste básicamente en comparar las **frecuencias observadas (O_{ij})**, que son los valores reales que se obtienen del recuento de la muestra, con las **frecuencias esperadas (E_{ij})**, que son los valores que se esperarían encontrar si no hubiera relación entre las dos variables.

Esta relación implica que si la diferencia entre lo que observamos en la muestra y lo que esperábamos es lo suficientemente grande, la prueba de χ^2 de Pearson indicará que las variables no son independientes y que, por tanto, existe algún tipo de relación causal entre ellas.

Por el contrario, si la diferencia no es importante, la prueba de contraste concluirá que las variables son independientes, es decir, que cualquier relación que podamos haber detectado entre ellas se debe exclusivamente al azar.

Al igual que en las distribuciones de probabilidad que hemos visto, en χ^2 también es imprescindible determinar los grados de libertad (df). Sin embargo, a diferencia de las otras distribuciones, donde se obtenían restando 1 o 2 al tamaño muestral del experimento, en este caso se calcularán utilizando la siguiente fórmula:

$$df = (f - 1) \times (c - 1)$$

Donde,

f = número de filas de la tabla de contingencia.

c = número de columnas de la tabla de contingencia.

A continuación, se representa una gráfica de la función de distribución de χ^2:

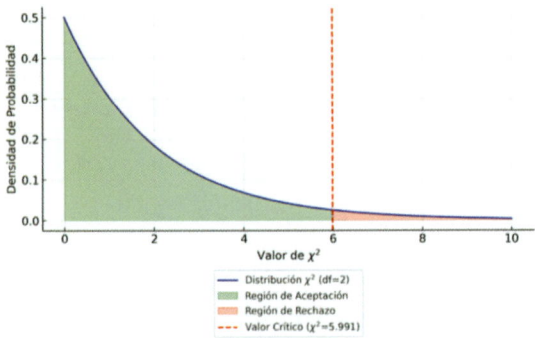

Figura 13. *Región de aceptación y rechazo de* H_0 *en una prueba de hipótesis.* Este gráfico ilustra la distribución *Chi*-cuadrado (χ^2) con 2 grados de libertad. La curva azul representa la densidad de probabilidad de la distribución χ^2. El área sombreada en verde indica la región de aceptación de H_0 para un nivel de significación de 0,05. El área sombreada en rojo indica la región de rechazo de H_0. La línea roja punteada marca el valor crítico de χ^2 ($\chi^2 = 5{,}991$) que depende del nivel crítico ($\alpha = 0{,}05$) y los grados de libertad $(f - 1) \times (c - 1)$, que es el límite que distingue a las regiones de aceptación o rechazo de H_0. Si el valor calculado de χ^2 es menor que este valor crítico, se acepta la hipótesis nula H_0, de lo contrario, se rechaza y se acepta la alternativa H_1.

El test consta de una serie de pasos muy sencillos:

1. Elaborar la hipótesis operativa:

Hipótesis nula (H_0): existe una relación de independencia entre las dos variables, lo que significa que no están relacionadas ni dependen una de la otra.

$$H_0: O_{ij} = E_{ij}$$

312

Hipótesis alternativa (H_1): existe una relación de dependencia entre las dos variables, es decir, que una variable influye sobre la otra o están relacionadas entre sí.

$$H_1: O_{ij} \neq E_{ij}$$

El sistema de hipótesis que deseamos resolver estaría compuesto por la siguiente relación lógica:

$$H_0: O_{ij} = E_{ij}$$
$$H_1: O_{ij} \neq E_{ij}$$

2. **Seleccionar el nivel de significación:** salvo que se especifique otra cosa, se considera un nivel de confianza del 95%, lo que equivale a considerar un $\alpha = 0,05$.

3. **Construir la tabla de contingencia:**

   a. Calcular los marginales de la tabla de contingencia: los **marginales** son los valores que resultan de la suma de los valores de cada fila y cada columna. Estos sumatorios se anotan en los márgenes de la tabla, de ahí su nombre. En la esquina inferior derecha, se representa el total de la muestra (n) que debe coincidir con el valor que obtendríamos si sumáramos tanto las filas como las columnas.

b. Calcular las frecuencias esperadas (E_{ij}): en cada celda se multiplica el marginal de su fila por el marginal de su columna y se divide por el total general (n). Recuerda que este paso se debe realizar en cada celda de la tabla de contingencia. Para el cálculo se emplea la siguiente fórmula:

$$E_{ij} = \frac{(total\ fila\ i) \times (total\ columna\ j)}{total\ general}$$

4. **Calcular el estadístico de la prueba χ^2:**

   a. Aplicamos la fórmula para el cálculo de χ^2:

$$\chi^2 = \frac{\Sigma\left(O_{ij} - E_{ij}\right)^2}{E_{ij}}$$

Donde,
O_{ij} = Frecuencias observadas
E_{ij} = Frecuencias esperadas

5. **Determinar el valor crítico:**

   a. Determinar los grados de libertad: para una tabla de contingencia, los *df* se calculan como:

$$df = (f - 1) \times (c - 1)$$

Donde,

f = Número de filas

c = Número de columnas

Por ejemplo, para una tabla 2 × 2, los df serían:

$$df = (2 - 1) \times (2 - 1) = 1$$

   b. Encontrar el valor crítico de χ^2: para esto utilizamos la **Tabla 8** correspondiente a la distribución de probabilidad de *Chi*-cuadrado (χ^2) que puede localizar en la sección **Tablas**.
Para identificar este valor crítico debemos elegir, previamente, el nivel de significación (α) y los grados de libertad. En este caso, $\alpha = 0{,}05$ y los grados de libertad $df = 1$. Una vez consultada la **Tabla 8** comprobamos que para un $\alpha = 0{,}05$ y $df = 1$ el nivel crítico de la distribución de *Chi*-cuadrado (χ^2) es aproximadamente de $\chi^2 = 3{,}841$.

6. **Tomar la decisión**: a continuación, se compara el valor calculado del estadístico de χ^2 que obtuvimos en el paso 4 con el valor crítico que establecimos en el paso 5. Como resultado, podemos encontrarnos ante dos escenarios:

   a. Si el valor de la prueba de contraste χ^2 es menor al valor crítico, nos encontraríamos en la región de **aceptación de la hipótesis nula** H_0. En este caso, podemos concluir que

315

existen suficientes evidencias para afirmar que existe una relación de independencia entre las dos variables.

b. En cambio, si el valor obtenido en la prueba es mayor al nivel crítico **descartaríamos** la **hipótesis nula H_0** en **favor** de la **hipótesis alternativa H_1**.

En este caso, concluiríamos sentenciando que existen pruebas sólidas que confirman que las dos variables no son independientes, es decir, que existe una relación causal en la que una de las variables influye sobre la otra.

Veamos a continuación algunos ejemplos de este tipo de prueba de contraste de hipótesis. En los dos primeros ejemplos no existirán pruebas suficientes para rechazar H_0:

Ejemplo 13. *¿Está relacionado el consumo de verduras con la incidencia de enfermedades digestivas?* Se desea determinar si existe una relación entre el consumo de verduras y la presencia de enfermedades digestivas. Para ello, un grupo de investigadores seleccionó una muestra aleatoria de $n = 150$ personas, a las cuales se les solicitó que respondieran a un cuestionario acerca de la frecuencia con las que consumían verduras y si habían padecido alguna enfermedad digestiva.

Los resultados que obtuvieron fueron los siguientes:

- 90 personas consumen verduras regularmente, de las cuales 25 presentan enfermedades digestivas.

- 60 personas no consumen verduras regularmente, y de estas, 25 presentan enfermedades digestivas.

1. **Elaborar la hipótesis operativa:**

Hipótesis nula (H_0): no existe diferencia en la frecuencia de enfermedades digestivas entre las personas que consumen verduras regularmente y las que no, lo que indica que el consumo de verduras y la incidencia de enfermedades digestivas son variables independientes.

$$H_0: O_{ij} = E_{ij}$$

Hipótesis alternativa (H_1): existe una diferencia en la frecuencia de enfermedades digestivas entre las personas que consumen verduras regularmente y las que no, lo que indica que el consumo de verduras y la incidencia de enfermedades digestivas son variables dependientes.

$$H_1: O_{ij} \neq E_{ij}$$

De modo que el sistema de hipótesis que deseamos resolver quedaría configurado de la siguiente manera:

$$H_0: O_{ij} = E_{ij}$$
$$H_1: O_{ij} \neq E_{ij}$$

2. **Seleccionar el nivel de significación:** se utilizará un nivel crítico del 95%, es decir: $\alpha = 0,05$.

3. **Construir la tabla de contingencia:**

a. Determinar los marginales de la tabla de contingencia 2 x 2:

	Enfermedades digestivas (*Si*)	Enfermedades digestivas (*No*)	Total
Consume verduras (*Si*)	25	65	90
Consume verduras (*No*)	25	35	60
Total	50	100	150

b. Calcular las frecuencias esperadas (E_{ij}):

$$E_{ij} = \frac{(total\ fila\ i) \times (total\ columna\ j)}{total\ general}$$

	Enfermedades digestivas (*Si*)	Enfermedades digestivas (*No*)	Total
Consume verduras (*Si*)	$\frac{90 \times 50}{150} = 30$	$\frac{90 \times 100}{150} = 60$	90
Consume verduras (*No*)	$\frac{60 \times 50}{150} = 20$	$\frac{60 \times 100}{150} = 40$	60
Total	50	100	150

4. **Calcular el estadístico de contraste para χ^2:**

a. Aplicamos la fórmula para el cálculo de χ^2:

$$\chi^2 = \frac{\Sigma\left(O_{ij} - E_{ij}\right)^2}{E_{ij}}$$

Donde,

O_{ij} = Frecuencias observadas

E_{ij} = Frecuencias esperadas

Para la primera fila y columna:

$$\chi^2 = \frac{\Sigma\left(O_{ij} - E_{ij}\right)^2}{E_{ij}} = \frac{(25 - 30)^2}{30} = 0{,}833$$

Para la primera fila y segunda columna:

$$\chi^2 = \frac{\Sigma\left(O_{ij} - E_{ij}\right)^2}{E_{ij}} = \frac{(65 - 60)^2}{60} = 0{,}417$$

Para la segunda fila y primera columna:

$$\chi^2 = \frac{\Sigma\left(O_{ij} - E_{ij}\right)^2}{E_{ij}} = \frac{(25 - 20)^2}{20} = 1{,}25$$

Para la segunda fila y columna:

$$\chi^2 = \frac{\Sigma\left(O_{ij} - E_{ij}\right)^2}{E_{ij}} = \frac{(35 - 40)^2}{40} = 0{,}625$$

Sumamos estos valores para obtener el estadístico de χ^2:

$$\chi^2 = 0{,}833 + 0{,}417 + 1{,}25 + 0{,}625 = 3{,}125$$

5. **Determinar el valor crítico:**

    a. Calcular los grados de libertad:

Para una tabla de contingencia, los df se calculan como:

$$df = (f - 1) \times (c - 1)$$

Donde,
f = Número de filas
c = Número de columnas

Al tratarse de una tabla 2×2, los df son:

$$df = (2 - 1) \times (2 - 1) = 1$$

    b. Encontrar el valor crítico de χ^2: para encontrar el valor crítico de χ^2 utilizamos la **Tabla 8.** Tabla de la distribución de probabilidad *Chi*-cuadrado (χ^2) que puede localizar en la sección **Tablas**.

Para localizar este valor crítico debemos elegir el nivel de significación, en este caso, $\alpha = 0{,}05$ y los grados de libertad $df = 1$. De acuerdo con la **Tabla 8** el nivel crítico de la distribución de *Chi*-cuadrado (χ^2) para $\alpha = 0,05$ y $df = 1$ es aproximadamente $\chi^2 = 3,841$.

6. **Tomar la decisión**: se compara el valor calculado del estadístico de la prueba con el valor crítico.

   a. Comparar el estadístico χ^2 calculado con el valor crítico:

   χ^2 calculado $= 3,115 < t$ crítico $= 3,841$

   b. Tomar la decisión: dado que el estadístico χ^2 calculado ($\chi^2 = 3,115$) es menor que el valor crítico ($\chi^2 = 3,841$), nos encontramos en la **región de aceptación** de la **hipótesis nula H_0**.

   En este caso, estaríamos afirmando que hay evidencia suficiente para sostener que el consumo de verduras y la incidencia de enfermedades digestivas son variables independientes.

Solución: Con un 95% de confianza, se puede concluir que la incidencia de enfermedades digestivas es comparable entre quienes consumen verduras regularmente y quienes no, lo que sugiere que ambas variables son independientes. En la figura que sigue, se muestra el resultado del análisis de la prueba de contraste de hipótesis:

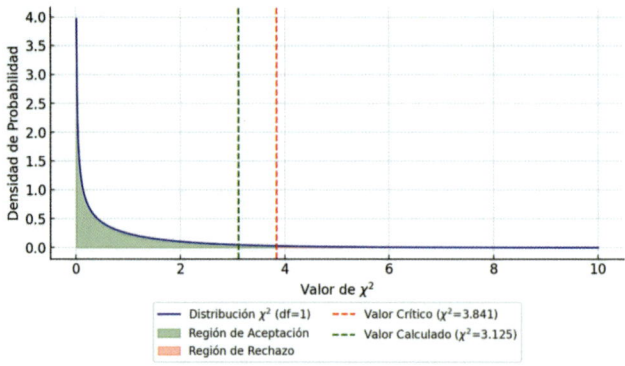

Figura 14. *Región de aceptación y rechazo de H_0 en una prueba de hipótesis.* Esta figura muestra la distribución *Chi*-cuadrado (χ^2) con 1 grado de libertad. La curva azul representa la función de densidad de probabilidad de la distribución χ^2. La línea discontinua roja indica el valor crítico χ^2 crítico = 3,841 correspondiente a un nivel de significación de $\alpha = 0,05$. La región verde sombreada corresponde a la región de aceptación de H_0. Cualquier valor de χ^2 que caiga en esta región obliga a que la hipótesis nula (H_0) debe ser aceptada. La línea discontinua verde representa el valor calculado $\chi^2 = 3,125$. En este caso, dado que el valor calculado es menor que el valor crítico, cae en la región de aceptación lo que implica que no hay suficiente evidencia para rechazar la hipótesis nula (H_0). Por lo tanto, se concluye que no hay una relación significativa entre el consumo regular de verduras y la incidencia de enfermedades digestivas.

Seguidamente, proponemos otro ejemplo en el que se acepta la hipótesis nula (H_0). Sin embargo, a diferencia del caso anterior la distribución de *Chi*-cuadrado (χ^2) tendrá $df = 4$ grados de libertad y un nivel de significación de $\alpha = 0,01$.

Ejemplo 14. *¿Está relacionado el tipo de dieta con el nivel de bienestar percibido?* Un grupo de nutricionistas quiere estudiar si el tipo de dieta seguida por sus pacientes está relacionado con el nivel de bienestar percibido. Para ello eligieron de forma aleatoria $n = 200$ personas quienes respondieron a un cuestionario sobre el tipo de dieta que seguía y su percepción de bienestar. Los datos obtenidos fueron los siguientes:

- 80 personas siguen una dieta alta en carbohidratos.
- 50 personas siguen una dieta alta en proteínas.
- 70 personas siguen una dieta balanceada.
- Entre las personas que siguen una dieta alta en carbohidratos, 40 reportan una alta percepción de bienestar, 30 indican un nivel medio, y 10 reportan un nivel bajo.
- Entre las personas que siguen una dieta alta en proteínas, 30 experimentan una alta percepción de bienestar, 10 reportan un nivel medio, y 10 indican un nivel bajo.
- Entre las personas que siguen una dieta balanceada, 40 reportan una alta percepción de bienestar, 20 indican un nivel medio, y 10 reportan un nivel bajo.

1. **Elaborar la hipótesis operativa**:

Hipótesis nula (H_0): no hay diferencias significativas en la percepción de bienestar entre las personas que siguen diferentes tipos de dieta, lo que sugiere que la percepción de bienestar y el tipo de dieta son variables independientes.

$$H_0: O_{ij} = E_{ij}$$

Hipótesis alternativa (H_1): existe una diferencia significativa en la percepción de bienestar entre las personas que siguen diferentes tipos de dieta, lo que sugiere que la percepción de bienestar y el tipo de dieta están relacionadas o son variables dependientes.

$$H_1: O_{ij} \neq E_{ij}$$

De manera que el sistema de hipótesis resultante es el siguiente:

$$H_0: O_{ij} = E_{ij}$$
$$H_1: O_{ij} \neq E_{ij}$$

2. **Seleccionar el nivel de significación:** se utilizará un nivel crítico del 99%, es decir: $\alpha = 0,01$.

3. **Construir la tabla de contingencia:**

   a. Calcular los marginales de la tabla:

	Percepción alta de bienestar	Percepción medio de bienestar	Percepción baja de bienestar	Total
Alta en carbohidratos	40	30	10	80
Alta en proteínas	30	10	10	50
Balanceada	40	20	10	70
Total	110	60	30	200

b. Calcular las frecuencias esperadas (E_{ij}):

$$E_{ij} = \frac{(total\ fila\ i) \times (total\ columna\ j)}{total\ general}$$

	Percepción alta de bienestar	Percepción medio de bienestar	Percepción baja de bienestar	Total
Alta en carbohidratos	$\dfrac{80 \times 110}{200}$ $= 44$	$\dfrac{80 \times 60}{200}$ $= 24$	$\dfrac{80 \times 30}{200}$ $= 12$	80
Alta en proteínas	$\dfrac{50 \times 110}{200}$ $= 27,5$	$\dfrac{50 \times 60}{200}$ $= 15$	$\dfrac{50 \times 30}{200}$ $= 7,5$	50
Balanceada	$\dfrac{70 \times 110}{200}$ $= 38,5$	$\dfrac{70 \times 60}{200}$ $= 21$	$\dfrac{70 \times 30}{200}$ $= 10,5$	70
Total	110	60	30	200

4. **Calcular el estadístico de contraste para χ^2:** este se calcula usando la siguiente fórmula:

$$\chi^2 = \frac{\Sigma\left(O_{ij} - E_{ij}\right)^2}{E_{ij}}$$

Donde,

O_{ij} = Frecuencias observadas

E_{ij} = Frecuencias esperadas

Para la primera fila y columna:

$$\chi^2 = \frac{\Sigma \left(O_{ij} - E_{ij}\right)^2}{E_{ij}} = \frac{(40 - 44)^2}{44} = 0{,}364$$

Para la primera fila y segunda columna:

$$\chi^2 = \frac{\Sigma \left(O_{ij} - E_{ij}\right)^2}{E_{ij}} = \frac{(30 - 24)^2}{24} = 1{,}5$$

Para la primera fila y tercera columna:

$$\chi^2 = \frac{\Sigma \left(O_{ij} - E_{ij}\right)^2}{E_{ij}} = \frac{(10 - 12)^2}{12} = 0{,}333$$

Para la segunda fila y primera columna:

$$\chi^2 = \frac{\Sigma \left(O_{ij} - E_{ij}\right)^2}{E_{ij}} = \frac{(30 - 27.5)^2}{27.5} = 0{,}227$$

Para la segunda fila y columna:

$$\chi^2 = \frac{\Sigma \left(O_{ij} - E_{ij}\right)^2}{E_{ij}} = \frac{(10 - 15)^2}{15} = 1{,}667$$

Para la segunda fila y tercera columna:

$$\chi^2 = \frac{\Sigma\left(O_{ij} - E_{ij}\right)^2}{E_{ij}} = \frac{(10 - 7,5)^2}{7,5} = 0,833$$

Para la tercera fila y primera columna:

$$\chi^2 = \frac{\Sigma\left(O_{ij} - E_{ij}\right)^2}{E_{ij}} = \frac{(40 - 38,5)^2}{38,5} = 0,058$$

Para la tercera fila y segunda columna:

$$\chi^2 = \frac{\Sigma\left(O_{ij} - E_{ij}\right)^2}{E_{ij}} = \frac{(20 - 21)^2}{21} = 0,048$$

Para la tercera fila y columna:

$$\chi^2 = \frac{\Sigma\left(O_{ij} - E_{ij}\right)^2}{E_{ij}} = \frac{(10 - 10,5)^2}{10,5} = 0,024$$

Sumamos estos valores para obtener el estadístico de χ^2:

$$\chi^2 = 0,364 + 1,5 + 0,333 + 0,227 + 1,667 + 0,833$$
$$+ 0,058 + 0,048 + 0,024 = 5,054$$

5. **Determinar el valor crítico**:

   a. Calcular los grados de libertad: para una tabla de contingencia, los *df* se calculan como:

$$df = (f - 1) \times (c - 1)$$

Donde,

f = Número de filas

c = Número de columnas

Al tratarse de una tabla 3×3, los df son:

$$df = (3 - 1) \times (3 - 1) = 4$$

    b. Encontrar el valor crítico de χ^2: para encontrarlo utilizamos la **Tabla 8.** Tabla de la distribución de probabilidad *Chi*-cuadrado (χ^2) que puede localizar en la sección **Tablas.** Para identificar este valor debemos primero determinar el nivel de significación $\alpha = 0,01$, así como, los grados de libertad $df = 4$. De acuerdo con la **Tabla 8** el nivel crítico de la distribución de *Chi*-cuadrado (χ^2) para $\alpha = 0,01$ y $df = 4$ es aproximadamente $\chi^2 = 13,277$.

6. **Tomar la decisión:**

    a. Comparar el estadístico χ^2 calculado con el valor crítico:

$$\chi^2 \text{calculado} = 5,054 < t \text{ crítico} = 13,277$$

    b. Tomar la decisión: dado que el estadístico χ^2 calculado ($\chi^2 = 5,054$) es menor que el valor crítico ($\chi^2 = 13{,}277$), nos encontramos en la **región de aceptación** de la **hipótesis nula H_0**.

Al aceptar la hipótesis nula (H_0) estamos afirmando que no hay evidencia suficiente para afirmar que hay una relación significativa entre el tipo de dieta y el nivel de bienestar percibido.

Solución: Con un 99% de confianza, se concluye que el nivel de bienestar percibido no está relacionado significativamente con el tipo de dieta que sigue.

La siguiente figura ilustra el resultado obtenido en la prueba de hipótesis:

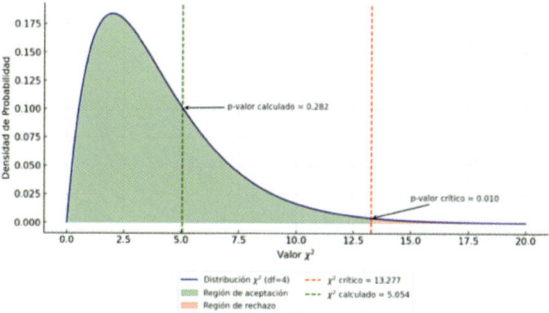

Figura 15. *Región de aceptación y rechazo de H_0 en una prueba de hipótesis.* Esta figura muestra la distribución *Chi*-cuadrado (χ^2) con 4 grados de libertad. La curva azul representa la función de densidad de probabilidad de la distribución χ^2. La línea discontinua roja indica el valor crítico χ^2 crítico $= 13{,}277$ que corresponde a un nivel de significación de $\alpha = 0{,}01$. La región roja sombreada es la región crítica, donde cualquier valor de χ^2 que caiga en esta área sugiere que la hipótesis nula (H_0) debe ser rechazada. La línea discontinua verde representa el valor calculado $\chi^2 = 5{,}054$ ($p = 0{,}282$). En este caso, el valor calculado es menor que el valor crítico, lo que implica que no hay suficiente evidencia para rechazar la hipótesis

nula (H_0). Se concluye afirmando que no hay una relación significativa entre el tipo de dieta y el nivel de bienestar diario.

Al contrario que los anteriores, en los siguientes ejemplos existirán pruebas suficientes para rechazar H_0 y aceptar H_1:

Ejemplo 15. *¿Está relacionado el hábito de fumar con padecer hipertensión arterial esencial?* Un equipo de investigación de neumólogos estudiar si el hábito de fumar de sus pacientes está relacionado con padecer hipertensión arterial. Para responder a esta pregunta seleccionaron de forma aleatoria $n = 100$ personas a las que se le pidió que respondieran un cuestionario sobre sus hábitos de fumar y si padecían hipertensión arterial esencial.

Los datos obtenidos de los cuestionarios fueron analizados y resumidos de la siguiente forma:

- 40 personas fuman y 25 de ellas tienen HTA.
- De las 60 personas que no fuman, 20 padecen HTA.

1. **Elaborar la hipótesis operativa:**

Hipótesis nula (H_0): no hay diferencias significativas en la frecuencia de presión arterial alta entre las personas que fuman y las que no fuman, lo que sugiere que la presión arterial alta y el hábito de fumar son variables independientes.

$$H_0: O_{ij} = E_{ij}$$

Hipótesis alternativa (H_1): existe una diferencia significativa en la frecuencia de presión arterial alta entre las personas que fuman y las que no fuman, lo que sugiere que la presión arterial alta y el hábito de fumar están relacionados o son variables dependientes.

$$H_1: O_{ij} \neq E_{ij}$$

De manera que el sistema de hipótesis que deseamos resolver queda configurado de la siguiente manera:

$$H_0: O_{ij} = E_{ij}$$
$$H_1: O_{ij} \neq E_{ij}$$

2. **Seleccionar el nivel de significación**: se considerará un 95%, es decir $\alpha = 0,05$.

3. **Construir la tabla de contingencia**:

   a. Calcular los marginales de la tabla de contingencia:

	HTA *(Si)*	HTA *(No)*	Total
Fumador *(Si)*	25	15	**40**
Fumador *(No)*	20	40	**60**
Total	**45**	**55**	**100**

   b. Calcular las frecuencias esperadas (E_{ij}):

$$E_{ij} = \frac{(\text{total fila } i) \times (\text{total columna } j)}{\text{total general}}$$

	HTA (*Sí*)	HTA (*No*)	Total
Fumador (*Sí*)	$\dfrac{40 \times 45}{100} = 18$	$\dfrac{40 \times 55}{100} = 22$	40
Fumador (*No*)	$\dfrac{60 \times 45}{100} = 27$	$\dfrac{60 \times 55}{100} = 33$	60
Total	45	55	100

4. **Calcular el estadístico de contraste para χ^2:**

$$\chi^2 = \frac{\Sigma\left(O_{ij} - E_{ij}\right)^2}{E_{ij}}$$

Donde,

O_{ij} = Frecuencias observadas

E_{ij} = Frecuencias esperadas

Para la primera fila y columna:

$$\chi^2 = \frac{\Sigma\left(O_{ij} - E_{ij}\right)^2}{E_{ij}} = \frac{(25 - 18)^2}{18} = 2{,}722$$

Para la primera fila y segunda columna:

$$\chi^2 = \frac{\Sigma\left(O_{ij} - E_{ij}\right)^2}{E_{ij}} = \frac{(15 - 122)^2}{22} = 2{,}277$$

Para la segunda fila y primera columna:

$$\chi^2 = \frac{\Sigma\left(O_{ij} - E_{ij}\right)^2}{E_{ij}} = \frac{(20 - 27)^2}{27} = 1{,}815$$

Para la segunda fila y columna:

$$\chi^2 = \frac{\Sigma\left(O_{ij} - E_{ij}\right)^2}{E_{ij}} = \frac{(40 - 33)^2}{33} = 1{,}485$$

Sumamos estos valores para obtener el estadístico de χ^2:

$$\chi^2 = 2{,}722 + 2{,}277 + 1{,}815 + 1{,}485 = 8{,}249$$

5. **Determinar el valor crítico:**

    a.   Calcular los grados de libertad:

Para una tabla de contingencia, los df se calculan como:

$$df = (f - 1) \times (c - 1)$$

Donde,

f = Número de filas

c = Número de columnas

Al tratarse de una tabla 2×2, los df son:

$$df = (2 - 1) \times (2 - 1) = 1$$

    b.   Determinar el valor crítico: para localizar este

valor crítico debemos elegir el nivel de significación (α), en este caso, $\alpha = 0,05$ y los grados de libertad $df = 1$. De acuerdo con la **Tabla 8** el nivel crítico de la distribución de *Chi*-cuadrado (χ^2) para $\alpha = 0,05$ y $df = 1$ es aproximadamente $\chi^2 = 3,841$.

6. **Tomar la decisión**:

   a. Comparar el estadístico χ^2 calculado con el valor crítico:

   $$\chi^2 \text{ calculado} = 8,249 > \chi^2 \text{ crítico} = 3,841$$

   b. Tomar la decisión: dado que el estadístico χ^2 calculado ($\chi^2 = 8,249$) es mayor que el valor crítico ($\chi^2 = 3,841$), nos encontramos en la **región de rechazo** de la **hipótesis nula H_0** y de **aceptación de H_1**. Al rechazar la H_0 y aceptar H_1 sugiere que hay evidencia suficiente que sostiene que existe una relación entre fumar y padecer hipertensión arterial.

Solución: Con un 95% de confianza, podemos afirmar que padecer HTA es dependiente de fumar.

En la siguiente figura se representa el resultado de la prueba de contraste de hipótesis anterior:

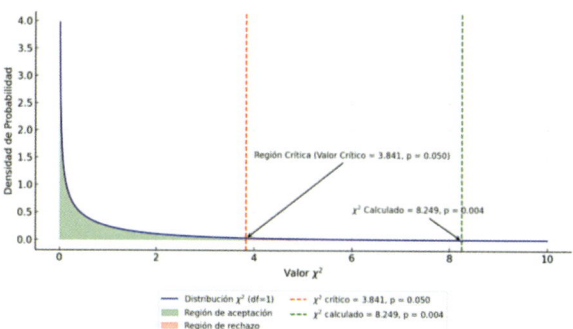

Figura 16. *Región de aceptación y rechazo de H_0 en una prueba de hipótesis.* Esta figura muestra la distribución *Chi*-cuadrado (χ^2) con 1 grado de libertad. La curva azul representa la función de densidad de probabilidad de la distribución χ^2. El valor crítico χ^2 crítico = 3,841 se representa mediante una línea discontinua roja asumiendo un nivel de significación de $\alpha = 0,05$. La pequeña región roja sombreada acota la región crítica. Si cualquier valor de χ^2 cayera en este área sugiere que la hipótesis nula (H_0) debe ser rechazada. La línea discontinua verde representa el valor calculado $\chi^2 = 8,249$. Dado que el valor calculado es mayor que el valor crítico se concluye que hay una relación significativa entre fumar y padecer HTA.

Veamos otro ejemplo similar al anterior:

Ejemplo 16. *¿Está relacionado el consumo de café con la calidad del sueño?* Se seleccionó una muestra aleatoria de $n = 45$ personas y se les pidió que contestaran un cuestionario sobre su consumo diario de café y la calidad de su sueño (clasificada como *"buena"* o *"mala"*).

Los cuestionarios se procesaron y ahora se resumen del siguiente modo:

- 20 personas consumían café regularmente.
- De estas, 8 reportaron tener una mala calidad del sueño.

335

- De las 25 personas que no consumían café regularmente, 5 reportaron tener una mala calidad del sueño.

1. **Plantear la hipótesis:**

Hipótesis nula (H_0): no hay diferencias significativas en la calidad del sueño entre las personas que consumen café regularmente y las que no, lo que sugiere que el consumo de café y la calidad del sueño son variables independientes.

$$H_0: O_{ij} = E_{ij}$$

Hipótesis alternativa (H_1): existe una diferencia significativa en la calidad del sueño entre las personas que consumen café regularmente y las que no, lo que sugiere que el consumo de café y la calidad del sueño están relacionados o son variables dependientes.

$$H_1: O_{ij} \neq E_{ij}$$

Así, el sistema de hipótesis que buscamos resolver se plantea de la siguiente forma:

$$H_0: O_{ij} = E_{ij}$$
$$H_1: O_{ij} \neq E_{ij}$$

2. Seleccionar el nivel de significación: se considerará un 95%, es decir $\alpha = 0,05$.

3. Construir la tabla de contingencia:

a. Calcular los marginales de la tabla de contingencia:

	Sueño (*Malo*)	Sueño (*Bueno*)	Total
Café (*Sí*)	15	10	25
Café (*No*)	5	15	20
Total	20	25	45

b. Calcular las frecuencias esperadas (E_{ij}):

$$E_{ij} = \frac{(\text{total fila } i) \times (\text{total columna } j)}{\text{total general}}$$

	Sueño (*Malo*)	Sueño (*Bueno*)	Total
Café (*Sí*)	$\frac{25 \times 20}{45} = 11,11$	$\frac{25 \times 25}{45} = 13,89$	25
Café (*No*)	$\frac{20 \times 20}{45} = 8,89$	$\frac{20 \times 25}{45} = 11,11$	20
Total	20	25	45

4. Calcular el estadístico de contraste para χ^2: el estadístico χ^2 se calcula usando la fórmula:

$$\chi^2 = \frac{\Sigma\left(O_{ij} - E_{ij}\right)^2}{E_{ij}}$$

Donde,

O_{ij} = Frecuencias observadas

E_{ij} = Frecuencias esperadas

Para la primera fila y columna:

$$\frac{\Sigma(Oij - Eij)^2}{E_i} = \frac{(15 - 11,11)^2}{11,11} = \frac{3,89^2}{11,11} = 1,36$$

Para la primera fila y segunda columna:

$$\frac{\Sigma(Oij - Eij)^2}{E_i} = \frac{(10 - 13,89)^2}{13,89} = \frac{(-3,89)^2}{13,89} = 1,09$$

Para la segunda fila y primera columna:

$$\frac{\Sigma(Oij - Eij)^2}{E_i} = \frac{(5 - 8,89)^2}{8,89} = \frac{(-3,89)^2}{8,89} = 1,70$$

Para la segunda fila y columna:

$$\frac{\Sigma(Oij - Eij)^2}{E_i} = \frac{(15 - 11,11)^2}{11,11} = \frac{(3,89)^2}{11,11} = 1,36$$

Sumamos estos valores para obtener el estadístico de χ^2:

$$\chi^2 = 1{,}36 + 1{,}09 + 1{,}70 + 1{,}36 = 5{,}51$$

5. **Determinar el valor crítico:**

    a. Calculamos los grados de libertad:

Para una tabla de contingencia, los df se calculan como:

$$df = (f - 1) \times (c - 1)$$

Donde,

f = número de filas

c = número de columnas

Al tratarse de una tabla 2×2, los df son:

$$df = (2 - 1) \times (2 - 1) = 1$$

    b. Determinar el valor crítico: para encontrar este valor crítico debemos haber elegido previamente el nivel de significación $\alpha = 0{,}05$ así como los grados de libertad $df = 1$.

De acuerdo con la **Tabla 8** el nivel crítico de la distribución de *Chi*-cuadrado (χ^2) para $\alpha = 0{,}05$ y $df = 1$ es aproximadamente de $\chi^2 = 3{,}841$.

6. **Tomar la decisión:**

a. Comparar el estadístico χ^2 calculado con el valor crítico:

$$\chi^2 \text{ calculado} = 5,51 > \chi^2 \text{ crítico} = 3,841$$

b. Tomar la decisión: debido a que el estadístico χ^2 calculado ($\chi^2 = 5,51$) es mayor que el valor crítico ($\chi^2 = 3,841$), estaríamos ante la situación de tener que descartar la **hipótesis nula H_0** y, en consecuencia, **aceptar H_1**. Al rechazar la hipótesis nula (H_0) concluimos que existe evidencia para sostener que tomar café está relacionado con la calidad del sueño.

Solución: Con un 95% de confianza, podemos afirmar que existe evidencia suficiente para concluir que el consumo de café está relacionado con la calidad del sueño. En este gráfico se observa el resultado de la prueba:

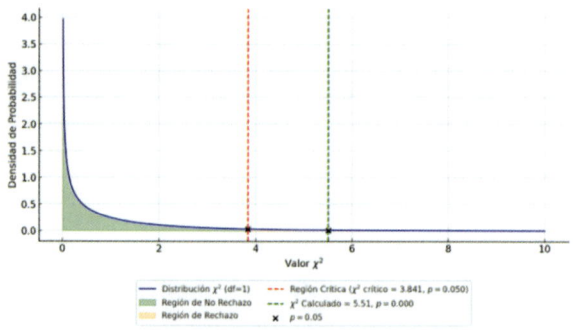

Figura 17. *Región de aceptación y rechazo de H_0 en una prueba de hipótesis.* Este gráfico muestra la distribución χ^2 con 1 grado de libertad. Por un lado, la curva azul representa la densidad de probabilidad de la distribución χ^2. Por otro, el área

sombreada en verde indica las región de aceptación de H_0 para un nivel de significación del 5% ($\alpha = 0,05$) mientras que la roja corresponde a la región de rechazo de H_0. La línea discontinua roja delimita el valor crítico de χ^2 ($\chi^2 = 3,841$, $p = 0,05$). Por otra parte, la línea verde discontinua marca el valor calculado de χ^2 ($\chi^2 = 5,51$, $p=0,000$. Dado que el valor χ^2 calculado cae dentro de la región de rechazo (H_0), se rechaza la hipótesis nula a favor de la hipótesis alternativa (H_1).

A modo de resumen encontramos la siguiente tabla sobre las características de la distribución de *Chi*-cuadrado (χ^2):

Características	Prueba de Chi-cuadrado (χ^2)
Propósito	Evaluar la independencia entre dos variables categóricas
Hipótesis nula (H_0)	No hay asociación entre las variables $H_0: O_{ij} = E_{ij}$
Hipótesis alternativa (H_1)	Existe asociación entre las variables $H_1: O_{ij} \neq E_{ij}$
Datos requeridos	Tablas de contingencia (para independencia)
Fórmula	$\chi^2 = \dfrac{\Sigma\left(O_{ij} - E_{ij}\right)^2}{E_{ij}}$
Grados de libertad (*df*)	$f - 1 \times c - 1$
Asunciones	Datos categóricos y muestras independientes

Tabla 3. Características de la prueba de contraste de hipótesis de la distribución de probabilidad χ^2.

Resumen

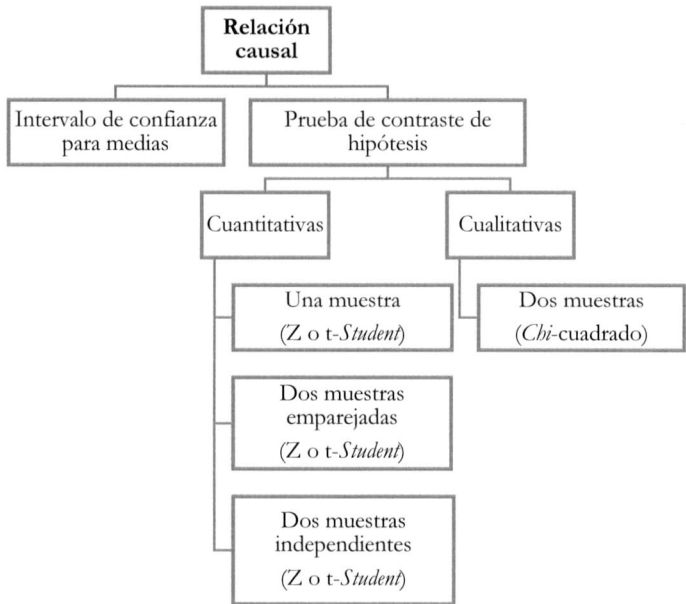

Esquema 1. *Las relaciones causales entre los datos.* Las pruebas de contraste de hipótesis se dividen en cuantitativas y cualitativas en función del tipo de variables sobre las que se intenta establecer estas relaciones. Entre las cuantitativas destacamos aquellas que aplica a una sola muestra, a dos emparejadas y a dos muestras independientes. Se utilizan para ello las pruebas, si la muestra es mayor de $n = 30$, o *t-Student*, si tiene menor tamaño muestral. Entre las cualitativas consideramos la prueba *Chi*-cuadrado mediante la cual estudiamos la relación de independencia entre dos variables cualitativas.

Conceptos clave

Amplitud de un intervalo: diferencia entre el límite superior y el límite inferior de un intervalo de clase.

Asignación aleatoria: proceso mediante el cual los participantes de un estudio se distribuyen en los grupos de intervención y control de forma aleatoria, reduciendo el sesgo y garantizando comparabilidad.

Asignación estratificada: método de asignación aleatoria que garantiza que los participantes se distribuyan según características clave o estratos.

Asignación oculta: procedimiento que asegura que el investigador no conozca el grupo al que serán asignados los participantes.

Asignación por bloques: método de asignación aleatoria en el que los participantes se agrupan en bloques para garantizar un balance proporcional en las intervenciones.

Asignación secuencial: técnica de asignación donde los participantes se distribuyen en un orden preestablecido, siguiendo una secuencia específica.

Asimetría negativa: distribución en la que la cola izquierda (*valores menores*) es más larga o pronunciada que la derecha, indicando un sesgo a la izquierda.

Asimetría positiva: distribución en la que la cola derecha (valores *mayores*) es más larga o pronunciada que la izquierda, indicando un sesgo a la derecha.

Bigotes: líneas que se extienden desde los extremos de la caja en un diagrama de caja y bigotes, representando los valores dentro del rango permitido antes de considerar los datos como atípicos.

Caja: representación gráfica en un diagrama de caja y bigotes que muestra el rango intercuartílico (diferencia entre el *tercer* y *primer* cuartil).

Campana gaussiana: representación gráfica de una distribución normal, caracterizada por su forma simétrica y su pico central.

Causa: factor o evento que produce un efecto o un resultado observable.

Coeficiente de alienación ($1-r^2$): medida que representa la proporción de variación en una variable que no está explicada por la otra en una relación lineal.

Coeficiente de correlación lineal de Pearson (r): medida estadística que cuantifica la fuerza y dirección de la relación lineal entre dos variables, con valores entre -1 y 1.

Coeficiente de determinación (r^2): proporción de la variabilidad de una variable dependiente explicada por la variable independiente, representada por el cuadrado del coeficiente de correlación de Pearson.

Corchete de un intervalo de frecuencias: símbolo que indica que el valor en ese límite del intervalo está incluido se incluye en ese rango.

Covariable: variable que puede influir en la relación entre la variable independiente y dependiente, utilizada en análisis estadísticos para ajustar los resultados.

Cuarto cuartil (Q_4): rango de datos que abarca desde el tercer cuartil hasta el valor máximo de la distribución.

Curtosis (Cu): medida que evalúa la forma de las colas de una distribución en comparación con la distribución *Normal* indicando si la distribución muestral es más afilada o plana.

Desviación típica (S): medida de dispersión que indica cuánto se alejan los valores de una distribución respecto al promedio.

Diagrama cuantil-cuantil: gráfico que compara los cuantiles de una distribución de datos con una distribución teórica para evaluar cuánto se ajusta a la distribución *Normal*.

Diagrama de barras: gráfica para datos categóricos o cuantitativos discretos que emplea una barras cuya altura representa la frecuencia con la que aparece un dato en una distribución.

Diagrama de dispersión: también conocido como *Scatter plot*, es una representación gráfica que muestra la relación entre dos variables mediante puntos en un plano cartesiano.

Diagrama de sectores: denominado *pie chart*, se trata de un gráfico circular que divide los datos de la muestra en sectores proporcionales a las frecuencias relativas de cada categoría.

Dirección negativa: relación entre dos variables en la que, a medida que una aumenta, la otra disminuye, representada por una pendiente descendente en el diagrama de dispersión.

Dirección positiva: relación entre dos variables en la que, a medida que una aumenta, la otra también aumenta, representada por una pendiente ascendente en el diagrama de dispersión.

Diseño del estudio: estrategia metodológica utilizada para planificar y llevar a cabo una investigación científica.

Distribución Normal (Z): distribución de probabilidad continua simétrica con una media de 0 y una desviación típica de 1, utilizada frecuentemente en estadística para contrastar hipótesis.

Efecto: resultado o cambio provocado por una causa o intervención.

Enmascaramiento doble: método en el que tanto los investigadores como los participantes desconocen a qué grupo de intervención pertenecen, para evitar sesgos.

Enmascaramiento simple: método en el que solo una de las partes (*investigador* o bien el *participante*) desconoce la asignación a grupos de intervención.

Enmascaramiento triple: método donde investigadores, participantes y analistas de datos desconocen los tratamientos que se asignan a cada uno de los grupos del estudio.

Ensayos clínicos aleatorizados y controlados: estudios experimentales que asignan aleatoriamente a los participantes a grupos de intervención o control, considerados el estándar de oro en investigación clínica.

Ensayos clínicos no aleatorizados: estudios experimentales donde la asignación de los participantes a los distintos grupos no es al azar, lo que puede aumentar el riesgo de sesgo.

Ensayos cruzados: diseño de estudio en el que los participantes reciben más de una intervención en distintos períodos, actuando como su propio control.

Estadística bivariante: análisis de dos variables para estudiar la relación, asociación o correlación entre ellas.

Estadística no paramétrica: métodos estadísticos que no dependen de suposiciones específicas sobre la distribución de los datos, como la *normalidad*.

Estadística paramétrica: métodos estadísticos que se basan en suposiciones específicas sobre la distribución de los datos, como que estos sigan una distribución *Normal*.

Estudio: investigación sistemática diseñada para responder preguntas específicas sobre fenómenos, intervenciones o asociaciones.

Estudio de casos y controles: diseño observacional retrospectivo que compara personas con una condición (*casos*) y sin ella (*controles*) para identificar factores asociados.

Estudio experimental: diseño de estudio en el que los investigadores intervienen directamente sobre las variables para observar los efectos de dicha intervención.

Estudios clínicos: investigaciones realizadas en humanos para evaluar la eficacia y seguridad de tratamientos o intervenciones terapéuticas.

Estudios preclínicos: investigaciones realizadas en laboratorio, en modelos animales (in *vivo*) o celulares (in *vitro*), antes de probar en humanos.

Estudios preclínicos in *vitro*: investigaciones realizadas en sistemas controlados, como cultivos celulares, fuera de organismos vivos.

Estudios experimentales preclínicos in *vivo*: investigaciones realizadas en organismos vivos, generalmente modelos animales, para evaluar intervenciones.

Estudio longitudinal: diseño de investigación que realiza mediciones repetidas de las mismas variables a lo largo del tiempo.

Estudio longitudinal ambispectivo: diseño de investigación que combina datos recogidos en el pasado, así como del seguimiento de los participantes hacia el futuro.

Estudio longitudinal prospectivo: diseño de estudio en el que los datos se recopilan hacia el futuro, siguiendo a los participantes desde un punto inicial.

Estudio longitudinal retrospectivo: diseño de estudio que utiliza datos existentes recopilados en el pasado para analizar asociaciones entre variables.

Estudio observacional: diseño de estudio en el que los investigadores no intervienen, sino que observan y analizan relaciones entre variables.

Estudio transversal: diseño observacional que mide las variables de interés en un solo punto en el tiempo.

Frecuencias absolutas (n_i): número de observaciones que caen dentro de una categoría o intervalo específico.

Frecuencias absolutas acumuladas (N_i): suma acumulativa de las frecuencias absolutas desde el primer intervalo hasta un intervalo específico.

Frecuencias relativas (f_i): proporción de observaciones que caen dentro de una categoría o intervalo específico respecto al total de observaciones.

Frecuencias relativas acumuladas (F_i): suma acumulativa de las frecuencias relativas desde el primer intervalo hasta un intervalo específico.

Fuerza de asociación nula: ausencia de relación entre dos variables, donde los puntos en el diagrama de dispersión están distribuidos aleatoriamente y su coeficiente de correlación es $r = 0$.

Fuerza de asociación perfecta: relación en la que todos los puntos en un diagrama de dispersión se alinean exactamente en una línea diagonal de ajuste, indicando un coeficiente de correlación de $r = \pm 1$.

Histograma: representación gráfica de datos cuantitativos mediante barras adyacentes, donde la altura de cada barra representa la frecuencia de un intervalo de clase.

Histograma (*colas*): partes extremas de un histograma que representan las frecuencias de los valores más alejados del centro de la distribución.

Histograma (*pico*): punto más alto de un histograma que indica la clase con mayor frecuencia en los datos.

Incidencia: número de casos nuevos de una enfermedad en una población específica durante un período determinado.

Inferencia estadística: proceso de sacar conclusiones sobre una población con base en los datos obtenidos de una muestra.

Intervalos de clase: divisiones en las que se agrupan los datos cuantitativos para facilitar su análisis y representación.

Interpolación: método para estimar valores intermedios dentro de un rango de datos conocido.

Leptocúrtica: distribución con una curtosis alta, caracterizada por un pico más afilado y colas más largas que una distribución normal.

Límite inferior del intervalo de confianza: valor más bajo del intervalo de confianza, que establece el rango dentro del cual se espera que se encuentre el parámetro poblacional.

Límite superior del intervalo de confianza: valor más alto del intervalo de confianza, que establece el rango dentro del cual se espera que se encuentre el parámetro poblacional.

Marcas de la clase (m_i): punto medio de un intervalo de clase, calculado como la media del límite inferior y superior.

Media aritmética ($\bar{X}$): medida de tendencia central calculada como la suma de todos los valores dividida entre el número total de observaciones.

Mediana (Me): valor que divide una distribución ordenada en dos partes iguales, dejando el 50% de los datos por debajo y el 50% por encima.

Mesocúrtica: distribución con una curtosis similar a la normal, caracterizada por un pico y colas moderados.

Muestreo: proceso de selección de una parte representativa de una población para realizar un estudio.

Muestreo aleatorio simple: método de muestreo en el que cada elemento de la población tiene la misma probabilidad de ser seleccionado.

Muestreo consecutivo: selección de participantes de manera continua hasta completar el tamaño de muestra deseado.

Muestreo intencional: selección deliberada de participantes con características específicas que son relevantes para el estudio.

Muestreo no probabilístico: método en el que no todos los elementos de la población tienen la misma probabilidad de ser seleccionados.

Muestreo probabilístico: método en el que todos los elementos de la población tienen una probabilidad conocida de ser seleccionados.

Nube de puntos: conjunto de puntos representados en un diagrama de dispersión que muestra cómo se distribuyen los valores de dos variables.

Número de intervalos (k): cantidad de divisiones en las que se agrupan los datos en una tabla de frecuencias o un histograma.

Operacionalización: proceso de definir y medir conceptos abstractos o variables para su estudio empírico.

Outliers de primer orden: valores atípicos moderados, situados entre 1,5 y 3 veces la amplitud del rango intercuartílico por encima o debajo de los límites intercuartílicos.

Outliers de segundo orden: valores atípicos extremos, situados a más de 3 veces la amplitud del rango intercuartílico por encima o debajo de los límites intercuartílicos.

Paréntesis de un intervalo de frecuencias: símbolo que indica que el valor en ese límite del intervalo no está incluido en el rango.

Percentil (p): valor que divide los datos en 100 partes iguales, indicando la posición relativa de un dato respecto al total.

PICOT: acrónimo que describe los elementos clave de una pregunta de investigación: Población, Intervención, Comparación, Resultado (*Outcome*) y Tiempo.

Platicúrtica: distribución con una curtosis baja, caracterizada por un pico más plano y colas más cortas que una distribución normal.

Prevalencia: proporción de individuos en una población que presentan una condición específica en un momento dado.

Primer cuartil (Q_1): valor que separa el 25% inferior de los datos del 75% superior.

Prueba de contraste de hipótesis: procedimiento estadístico que evalúa si existe suficiente evidencia en una muestra para aceptar o rechazar una hipótesis nula (H_0).

Prueba de contraste de hipótesis bilateral: prueba estadística que evalúa si un parámetro es significativamente diferente de un valor específico en ambas direcciones (*mayor* o *menor*).

Prueba de contraste de hipótesis *chi*-cuadrado (χ^2): prueba estadística que evalúa si existe una relación significativa entre variables categóricas.

Prueba de contraste de hipótesis para dos muestras emparejadas: prueba estadística que compara las medias de dos muestras relacionadas o dependientes para detectar y evaluar si existen diferencias significativas.

Prueba de contraste de hipótesis para dos muestras independientes: prueba estadística que compara las medias de dos muestras independientes para determinar si existen diferencias significativas entre ellas.

Prueba de contraste de hipótesis para una muestra: prueba estadística que evalúa si la media de una muestra es significativamente diferente de un valor específico.

Prueba de contraste de hipótesis unilateral: prueba estadística que evalúa si un parámetro es significativamente es igual o no a un valor específico.

Prueba de Kolmogórov-Smirnov (KS): prueba estadística utilizada para comparar una distribución de datos con una distribución teórica para evaluar su ajuste.

Prueba de Shapiro-Wilk (W): prueba estadística utilizada para evaluar si una muestra sigue una distribución normal.

Rango de un intervalo: distancia entre el menor y el mayor valor de un conjunto de datos, calculada como la diferencia entre el límite superior del último intervalo y el límite inferior del primero.

Razón de probabilidades: medida estadística utilizada para calcular la fuerza de asociación entre dos variables en estudios de casos y controles.

Región de aceptación de H_0: rango de valores donde no se rechaza la hipótesis nula, basado en un nivel de significancia previamente definido.

Región de rechazo de H_0 y aceptación de H_1: rango de valores donde se rechaza la hipótesis nula y se acepta la hipótesis alternativa, indicando una diferencia significativa.

Relaciones espurias: asociaciones aparentes entre dos variables que no reflejan una relación causal, sino que son causadas por un tercer factor no considerado.

Segundo cuartil (Q_2): equivalente a la mediana; valor que divide los datos en dos partes iguales.

Sesgo a la derecha (*positivo*): distribución con una cola más larga hacia los valores mayores, indicando una asimetría positiva.

Sesgo a la izquierda (*negativo*): distribución con una cola más larga hacia los valores menores, indicando una asimetría negativa.

Tablas de frecuencias: organización de datos en filas y columnas que muestran la distribución de frecuencias absolutas, relativas, acumuladas y/o marcas de clase.

Tercer cuartil (Q_3): valor que separa el 75% inferior de los datos del 25% superior.

Valor crítico: límite del estadístico de prueba que define la región de rechazo de H_0, basado en el nivel de significancia.

Variable: elemento medible o clasificable en un estudio, cuya variación puede ser analizada.

Variable cualitativa: variable que describe características no numéricas, como género o lugar de residencia.

Variable cualitativa dicotómica: variable cualitativa con solo dos categorías posibles (por ejemplo, *Sí/No*).

Variable cualitativa politómica: variable cualitativa con más de dos categorías (por ejemplo, *nivel educativo*).

Variable cuantitativa: variable que toma valores numéricos y permite operaciones matemáticas.

Variable cuantitativa continua: variable cuantitativa que puede tomar cualquier valor dentro de un rango, como altura o peso.

Variable cuantitativa discreta: variable cuantitativa que solo puede tomar valores específicos, como número de hijos.

Variable dependiente: variable que se mide y se espera que sea afectada por la independiente.

Variable independiente: variable que se manipula o categoriza para observar su efecto en la dependiente.

Vallas (f_1, f_2): límites establecidos en un diagrama de caja y bigotes para delimitar la región de *normalidad* e identificar posibles *outliers*.

Varianza (S^2): medida de dispersión que calcula el promedio de las desviaciones al cuadrado respecto a la media.

Ejercicios

Capítulo 1. La *pregunta* de investigación

Ejercicio 1. Un equipo de investigadores está evaluando dos tipos de tratamientos para disminuir la presión arterial en pacientes mayores de 60 años que padecen hipertensión. Utiliza la estructura PICO(T) para formular una pregunta de investigación que sea clara y precisa.

Ejercicio 2. Un equipo de investigación quiere averiguar si la terapia cognitivo-conductual es más eficaz que los antidepresivos para tratar la depresión en jóvenes de entre 18 y 25 años. Usa la estructura PICO(T) para convertir esta inquietud en una pregunta de investigación científica clara y precisa.

Ejercicio 3. Un investigador está interesado en estudiar la relación entre el consumo de alimentos ricos en azúcares y la incidencia de diabetes tipo 2. Responde razonadamente a las preguntas.
  a. ¿Cómo sería una pregunta de investigación utilizando la estructura PICO(T) para este estudio?.
  b. ¿Qué tipo de diseño de estudio sería el más apropiado para esta investigación y por qué?
  c. Describa cómo se podría llevar a cabo el estudio para investigar esta relación.

Ejercicio 4. Un investigador quiere analizar la relación entre el uso de teléfonos móviles y la calidad del sueño en adolescentes.
  a. ¿Cuál sería un ejemplo de una pregunta de investigación utilizando la estructura PICO(T) para este estudio?
  b. ¿Qué tipo de diseño de estudio sería más adecuado para esta investigación y por qué?
  c. Describa cómo se llevaría a cabo el estudio para investigar esta relación.

Ejercicio 5. Describa qué tipo de muestreo deberíamos considerar para seleccionar a los pacientes en este estudio. Justifique brevemente su respuesta.

a. Un hospital universitario quiere seleccionar una muestra representativa de pacientes para un estudio sobre la eficacia de un nuevo tratamiento contra la insuficiencia cardíaca.

b. Un investigador quiere seleccionar una muestra de jóvenes adultos para un estudio sobre el impacto del uso de videojuegos en los niveles de ansiedad y estrés.

c. Un centro de rehabilitación quiere seleccionar una muestra de pacientes para un estudio sobre la efectividad de una nueva técnica de fisioterapia para la recuperación de lesiones deportivas.

Ejercicio 6. Lee con atención el siguiente texto sobre las técnicas de muestreo y completa los espacios en blanco con los términos adecuados.

"En la investigación, es fundamental seleccionar el tipo de muestreo adecuado para garantizar la validez de los resultados. En un muestreo probabilístico, cada miembro de la población tiene una probabilidad conocida y la misma _____ de ser seleccionado. Un ejemplo de este tipo de muestreo es el _____, en el que todos los individuos tienen la misma oportunidad de ser elegidos.

Por otro lado, en el muestreo no probabilístico, los participantes se seleccionan de manera _____, y no todos los individuos tienen la misma oportunidad de formar parte de la muestra. Un ejemplo es el _____, donde los investigadores seleccionan a los sujetos de manera intencional, según ciertos criterios que consideran relevantes.

Otro tipo de muestreo probabilístico es el _____, que consiste en dividir a la población en estratos y seleccionar aleatoriamente a los participantes de cada estrato. Mientras tanto, un tipo común de muestreo no probabilístico es el _____, que se basa en la recolección de datos de los sujetos más accesibles o disponibles"

Ejercicio 7. Explique de forma razonada cómo se implementaría un enmascaramiento en este estudio. Justifica brevemente su respuesta.

a. Un centro de investigación oncológica quiere seleccionar una muestra representativa de pacientes para un estudio sobre la eficacia de un nuevo tratamiento inmunoterápico para el cáncer de pulmón.

b. Un hospital pediátrico quiere seleccionar una muestra representativa de niños para un estudio sobre la efectividad de una nueva vacuna contra el virus respiratorio sincitial (VRS).

c. Un instituto de investigación nutricional quiere seleccionar una muestra de adultos mayores para un estudio sobre el impacto de una dieta rica en proteínas en la preservación de la masa muscular.

Ejercicio 8. Clasifique estas variables en función de su escala de medida. Justifique brevemente su respuesta.

Variable	Tipo de Variable
Tasa de glucosa en sangre	
Frecuencia cardíaca en reposo	
Consumo diario de agua	
Nivel de colesterol	
Hábitos alimenticios	
Calidad del sueño	
Actividad física semanal	
Alergias conocidas	
Tasa metabólica basal	
Tipo de medicación	
Historia familiar de enfermedades	

Ejercicio 9. Observa la siguiente lista de variables relacionadas con la salud y clasifícalas en variables dependientes e independientes.

Presión arterial, Nivel de colesterol, Frecuencia cardíaca, Tipo de dieta, Índice de masa corporal (IMC), Consumo de sal, Nivel de glucosa en sangre, Frecuencia de ejercicio, Tasa de recuperación, Dosis del medicamento, Horas de sueño, Estado emocional, Cantidad de agua consumida, Tasa metabólica basal.

Variable dependiente	Variable independiente

Capítulo 2. El resumen *gráfico* de los datos

Ejercicio 1. Dada la siguiente lista de diagnósticos de niveles de hipertensión en una clínica de cardiología (*Normal, Prehipertensión, Hipertensión Grado 1, Hipertensión Grado 2, Normal, Prehipertensión, Hipertensión Grado 1, Hipertensión Grado 2, Prehipertensión, Hipertensión Grado 2, Hipertensión Grado 1*), construye una tabla de frecuencias. Incluye las frecuencias absolutas, relativas, acumuladas absolutas y relativas.

Ejercicio 2. A partir de la siguiente tabla de frecuencias sobre X_i = *tipos de tratamientos administrados* (*medicación, fisioterapia, cirugía, terapia psicológica*) identifica cuántos pacientes recibieron cada tratamiento y el porcentaje que representa cada uno.

X_i [Tratamientos]	n_i	f_i
Medicación	25	0,25
Fisioterapia	30	0,30
Cirugía	20	0,20
Terapia psicológica	25	0,25

Ejercicio 3. En una clínica de fisioterapia, se ha realizado un estudio para evaluar el X_i = *Nivel de dolor percibido* por los pacientes después de varias sesiones de tratamiento. Se utilizó una escala del 1 al 5, donde: 1: *Sin dolor;* 2: *Dolor leve;* 3: *Dolor moderado;* 4: *Dolor intenso;* 5: *Dolor muy intenso.* Lea con atención la tabla y complete el contenido que falta:

X_i [Nivel de dolor percibido]	n_i	f_i	N_i	F_i
Sin dolor	10			

Dolor leve	15			
Dolor moderado	20			
Dolor intenso	8			
Dolor muy intenso	7			
Total				

Ejercicio 4. Utilizando los siguientes datos sobre el X_i = *Número de visitas al médico* en el último año por pacientes (1, 2, 1, 3, 2, 1, 4, 3, 2, 1), elabore una tabla de frecuencias que incluya las frecuencias absolutas (n_i) relativas (f_i), acumuladas absolutas (N_i), y relativas (F_i).

Ejercicio 5. Analice la siguiente tabla de frecuencias sobre el X_i = *Número de medicamentos* tomados por pacientes ingresados en una unidad de ortogeriatría y responda a las siguientes preguntas:

X_i [N.º medicamentos]	n_i	f_i	N_i	F_i
0	5	0,20	5	0,20
1	8	0,32	13	0,52
2	6	0,24	19	0,76
3	3	0,12	22	0,88
4	3	0,12	25	1,00

a. ¿Cuántos pacientes no tomaron medicamentos? ¿A qué proporción de la muestra correspondía?

b. ¿Cuántos pacientes tomaron 1 medicamento? ¿A qué porcentaje de la muestra correspondía?

c. ¿Cuántos pacientes tomaron como mínimo 3 o más medicamentos? ¿A qué porcentaje de la muestra correspondía?

d. ¿Cuántos pacientes tomaron como máximo 2 o menos medicamentos? ¿A qué porcentaje de la muestra correspondía?

Ejercicio 6. Dada la siguiente lista de X_i = *niveles de glucosa en sangre* (en mg/dL) de pacientes (90, 100, 110, 95, 105, 115, 120, 85, 125, 130), elabore una tabla de frecuencias con intervalos de clase. Incluya las frecuencias absolutas (n_i) relativas (f_i), acumuladas absolutas (N_i), y relativas (F_i).

Ejercicio 7. Dada la siguiente lista de X_i = *niveles de colesterol* (en mg/dL) de pacientes (200, 210, 220, 195, 205, 215, 225, 190, 230, 235) elabora una tabla de frecuencias con intervalos de clase. Recuerde que debe incluir las frecuencias absolutas (n_i) relativas (f_i), acumuladas absolutas (N_i), y relativas (F_i).

Ejercicio 8. Analice el siguiente diagrama de barras sobre la X_i = *cantidad de horas de ejercicio físico* realizado por semana por un grupo de pacientes y responda: ¿Cuál es la categoría con mayor frecuencia? ¿Cuál es la frecuencia acumulada de las dos primeras categorías?

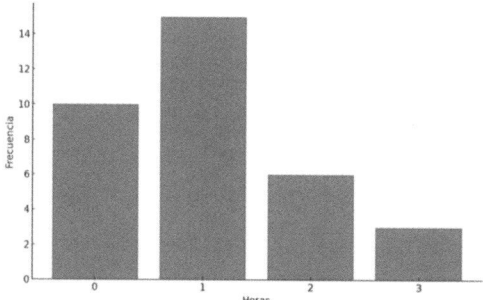

Ejercicio 9. Utilizando la tabla de frecuencias sobre X_i = *tipos de tratamientos administrados* (*Ejercicio 2*) y X_i = *Nivel de dolor percibido* (*Ejercicio 3*) genere dos diagramas de sectores que representen la distribución de los datos.

Capítulo 3. El resumen *numérico* de los datos

Ejercicio 1. Una clínica quiere calcular el promedio de $X_i = $ *días de hospitalización* para pacientes con Gripe. Los días de hospitalización de 10 pacientes son: 7, 8, 5, 10, 6, 8, 7, 9, 6, 8. Calcule la media aritmética ($\bar{X}$) de los días de hospitalización.

Ejercicio 2. Un investigador mide la $X_i = $ *concentración de azúcar en la sangre* (mg/dL) de 9 personas: 85, 90, 95, 100, 105, 110, 115, 120, 125. Calcule la mediana (Me) de estos niveles de azúcar.

Ejercicio 3. Se registra la $X_i = $ *presión arterial sistólica* (mmHg) de 8 personas: 120, 130, 125, 135, 140, 125, 130, 135. Calcule la varianza (S^2) y la desviación estándar (S) de estos valores.

Ejercicio 4. Dada la siguiente lista de los $X_i = $ *niveles de triglicéridos en sangre* (mg/dL) de 12 pacientes: 190, 200, 210, 195, 205, 215, 220, 185, 225, 230, 195, 210, se requiere:

    a.   Elaborar una tabla de frecuencias con intervalos de clase que incluya las *frecuencias absolutas* (n_i), *relativas* (f_i), *acumuladas absolutas* (N_i), y *acumuladas relativas* (F_i).

    b.   Calcular la media aritmética ($\bar{X}$) y la mediana (Me) de los $X_i = $ *niveles de triglicéridos en sangre*.

Ejercicio 5. Lee con atención el siguiente texto sobre las medidas de *resumen numérico* de una distribución de datos y completa los espacios en blanco con los términos adecuados.

"En el análisis de datos, es esencial utilizar medidas de _____ para describir el valor típico de un conjunto de datos. La medida más común es la _____, que se calcula sumando todos los valores y dividiéndolos por el número total de observaciones. Otra medida de centralización es la _____, que representa el valor central cuando los datos están ordenados de menor a mayor.

Además de las medidas de centralización, es importante considerar las medidas de _____, *que nos indican cuánto varían los datos respecto a la media. Una de las medidas más utilizadas es la* _____, *que describe la cantidad promedio de dispersión o variabilidad de los valores alrededor de la media. Otra medida relevante es el* _____, *que nos muestra la variabilidad en la mitad central de los datos, es decir, la diferencia entre el tercer y el primer cuartil.*

Por otro lado, las medidas de _____ *nos ayudan a ubicar un valor específico dentro de un conjunto de datos. Por ejemplo, los* _____ *dividen los datos en cuatro partes iguales, mientras que los* _____ *los dividen en cien partes. Estas medidas son útiles para interpretar la distribución de los datos y realizar comparaciones entre diferentes grupos"*

Ejercicio 6. Se recogen los datos de $X_i = peso$ (kg) de 10 pacientes: 70, 75, 80, 85, 90, 70, 75, 80, 85, 90. Calcule la media aritmética ($\bar{X}$) y la mediana (Me) de los pesos. Compare ambos resultados y explique cuál sería más representativo en caso de que existan valores atípicos.

Ejercicio 7. Un grupo de niños de 6 años se pesa en una clínica y se obtienen los siguientes $X_i = peso$ (kg):

Datos: 18,20,22,19,21,23,24,25,20,21,18,20,22,19,21,23,24,25,20,21,18,20, 22,19,21,23,24,25,20,21

   a.   Calcule el percentil 25 (p_{25}) de los pesos.
   b.   Calcule el percentil 50 (p_{50}) o mediana (Me) de los pesos.
   c.   Calcule el percentil 75 (p_{75}) de los pesos.

Ejercicio 8. Los valores del $X_i = \acute{I}ndice\ de\ Masa\ Corporal$ (IMC) de las personas atendidas en una consulta de Medicina están resumidos en la siguiente tabla:

X_i	n_i	f_i	N_i	F_i
[18.5;24.9)	10	0.20	10	0.20
[24.9;29.9)	15	0.30	25	0.50

[29.9;34.9)	12	0.24	37	0.74
[34.9;39.9)	8	0.16	45	0.90
[39.9.0;44.9]	5	0.10	50	1.00
Total	**50**	**1,00**		

a. Calcule el cuartil 1 (Q_1), cuartil 2 (Q_2), y cuartil 3 (Q_3).
b. Calcule la valla inferior (f_1), y la valla superior (f_2).
c. Realice la representación gráfica a través de un *Box plot*.

Ejercicio 9. Los valores del $X_i = Edad$ *(años)* de un grupo de personas atendidas en una consulta de Fisioterapia están resumidos en la siguiente tabla:

X_i	n_i	f_i	N_i	F_i
[20;29)	12	0.24	12	0.24
[29;40)	15	0.30	27	0.54
[40;49)	10	0.20	37	0.74
[49;59)	8	0.16	45	0.90
[59;70]	5	0.10	50	1.00
Total	**50**	**1.00**		

a. Calcule el cuartil 1 (Q_1), cuartil 2 (Q_2), y cuartil 3 (Q_3).
b. Calcule la valla inferior (f_1), y la valla superior (f_2).
c. Realice la representación gráfica a través de un *Box plot*.

Capítulo 4. El estudio de la *normalidad* de los datos

Ejercicio 1. Cree y analice un histograma de las X_i = *edades de los estudiantes* en una clase de universidad.

Datos: Edades (en *años*) de 30 estudiantes: 18, 19, 20, 20, 21, 22, 22, 22, 23, 23, 23, 24, 24, 25, 25, 25, 25, 26, 26, 27, 27, 27, 28, 29, 30, 30, 31, 32, 32, 33

- a. Liste los datos y ordénelos de menor a mayor.
- b. Genere un *histograma* representar los datos de la variable.
- c. Analice la forma del *histograma* para determinar si los datos de la distribución se ajustan a una *Normal*.

Ejercicio 2. Cree y analice un histograma de los X_i = *ingresos mensuales de los trabajadores* en una pequeña empresa de salud.

Datos:
Ingresos mensuales (en *euros*) de 30 trabajadores: 1000, 1050, 1100, 1100, 1150, 1200, 1200, 1200, 1250, 1250, 1250, 1300, 1300, 1350, 1350, 1350, 1350, 1400, 1400, 1450, 1450, 1450, 1500, 1550, 1600, 1600, 1650, 1700, 1700, 1750.

a. Liste los datos y ordénelos de menor a mayor.
b. Genere un *histograma* para representar los datos de la variable.
c. Analice la forma del *histograma* para determinar si los datos de la distribución se ajustan a una *Normal*.

Ejercicio 3. En un estudio de salud pública, se analizaron varias variables clínicas para evaluar si siguen una distribución *Normal* a través de gráficos Q-Q:

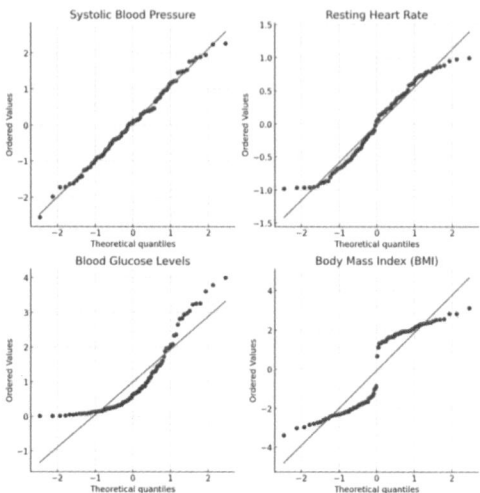

Figura 1. *Presión arterial sistólica* de un grupo de pacientes hipertensos; *Frecuencia cardíaca en reposo* de individuos en un estudio de actividad física; *Niveles de glucosa en sangre* en pacientes con diabetes tipo 2.; *IMC (Índice de Masa Corporal)* de una muestra de personas en una consulta general.

    a.   Analice cada *gráfico Q-Q* y describa cómo los puntos se alinean con respecto a la línea de referencia.

    b.   Indique cuál de las variables parece ajustarse mejor a una distribución *Normal*.

    c.   Explique qué características distintivas observa en las distribuciones que se alejan de la *Normalidad*.

    d.   Según los *gráficos Q-Q*, ¿qué implicaciones clínicas podrían derivarse de que una variable no siga una distribución *Normal*?.

Ejercicio 4. Calcule la asimetría (As) de los X_i = *niveles de glucosa* en sangre de los siguientes pacientes e interprete el resultado para determinar la dirección y magnitud del sesgo.

Datos: Nivel de glucosa en sangre (en *mg/dL*) de 20 empleados: 30, 32, 35, 36, 38, 40, 41, 43, 45, 47, 48, 50, 52, 54, 55, 57, 58, 60, 62, 65

Ejercicio 5. Calcule la curtosis (Cu) del X_i = *tiempo de estudio* de los estudiantes.

Datos: Tiempo de estudio (en *horas*) de 25 estudiantes: 2, 3, 3, 4, 5, 5, 6, 7, 7, 8, 9, 9, 10, 11, 12, 12, 13, 14, 15, 16, 17, 18, 18, 19, 20

    a.   Calcule la media $(\bar{X})$ del tiempo de estudio.
    b.   Determine la desviación típica (S).
    c.   Calcule la curtosis (Cu) e interprete el resultado para determinar el grado de apuntamiento de la distribución.

Ejercicio 6. Realice la prueba de Shapiro-Wilk (W) para evaluar la normalidad de la X_i = *peso de los estudiantes.*

Datos: Peso (en *Kg*) de 30 estudiantes: 45, 47, 50, 52, 53, 55, 57, 59, 60, 62, 64, 66, 67, 69, 70, 72, 74, 75, 77, 79, 81, 83, 84, 86, 88, 90, 92, 94, 96, 98.

    a.   Formule las hipótesis H_0 y H_1.
    b.   Realice la prueba de Shapiro-Wilk (W) usando una herramienta estadística.
    c.   Compare el estadístico con el nivel crítico y tome una decisión sobre H_0.

Ejercicio 7. Realice la prueba de Kolmogórov-Smirnov (KS) para evaluar la normalidad de la X_i = *Frecuencia cardiaca en reposo.*

Datos: Frecuencia cardiaca en reposo (en *latidos/min*) de 60 personas: 5, 60, 62, 64, 66, 68, 70, 72, 74, 76, 78, 80, 60, 62, 64, 66, 68, 70, 72, 74, 76,

78, 80, 60, 62, 64, 66, 68, 70, 72, 74, 76, 78, 80, 60, 62, 64, 66, 68, 70, 72, 74, 76, 78, 80, 60, 62, 64, 66, 68, 70, 72, 74, 76, 78, 80.

a. Formule las hipótesis H_0 y H_1.
b. Realice la prueba de Kolmogórov-Smirnov (KS) usando una herramienta estadística.
c. Compare el estadístico con el nivel crítico y tome una decisión sobre H_0.

Capítulo 5. La relación de *asociación* entre los datos

Ejercicio 1. El siguiente gráfico de dispersión muestra la relación entre la X_i = *altura de los estudiantes* (en *cm*) y sus Y_i = *calificaciones en matemáticas*. Observe el gráfico y responda razonadamente a las preguntas:

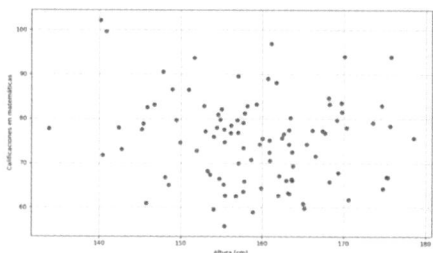

a. ¿Cuál es la forma del gráfico de dispersión? ¿y la dirección?
b. ¿Cuál es la fuerza de correlación entre las dos variables?
c. ¿Existe alguna relación entre estas dos variables?

Ejercicio 2. La fuerza de correlación entre el X_i = *consumo diario de azúcar* (en *g/día*) y el Y_i = *peso corporal* (en *kg*) es de $r = 0.850$. Señale de los siguientes gráficos de dispersión a cuál corresponde esta relación y justifique su respuesta analizando la forma, dirección, fuerza y la presencia de *outliers*.

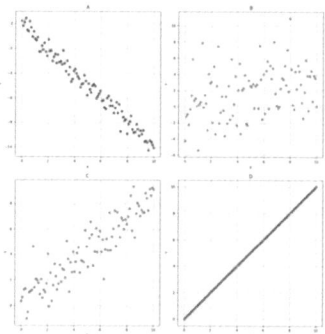

Ejercicio 3. La fuerza de correlación entre la $X_i = edad$ (en *años*) y la $Y_i =$ *cantidad de horas dedicadas al voluntariado* (en *horas*) es de $r = 0.400$. Señale de los siguientes gráficos de dispersión a cuál corresponde esta relación y justifique su respuesta analizando la forma, dirección, fuerza y la presencia de *outliers*.

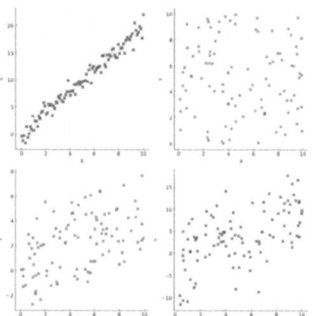

Ejercicio 4. Un grupo de estudiantes ha registrado sus $X_i = $ *horas de estudio semanales* (en *horas*) y las $Y_i = $ *calificaciones obtenidas* (en *nota ponderada de 0 a 10*) en un examen final. Lea atentamente la tabla y responda justificadamente a las preguntas.

X_i [Horas de estudio]	Y_i [Calificaciones]
2	55
4	60
6	65
8	70
10	75

a. Calcule el coeficiente de correlación lineal de Pearson (r).

b. Interprete el valor del coeficiente de correlación lineal de Pearson (r) y describa la relación entre las $X_i =$ *horas de estudio* (en *horas*) y las $Y_i =$ *calificaciones* (en *nota ponderada de 0 a 10*).

c. Construya un gráfico de dispersión con los datos proporcionados.

Ejercicio 5. Se ha medido la $X_i =$ *presión arterial sistólica* (en *mmHg*) y el $Y_i =$ *índice de masa corporal* (en *Kg/m²*) de 5 personas. Lea atentamente la siguiente tabla y responda justificadamente a las preguntas.

X_i [IMC]	Y_i [Presión arterial]
22	120
21,8	130
23	125
24	140
23	135

a. Determine el coeficiente de correlación lineal de Pearson (r).

b. Interprete el valor del coeficiente de correlación lineal de Pearson (r) y describa la relación entre la $X_i = IMC$ (en *Kg/m²*) y el $Y_i =$ *presión arterial* (en *mmHg*).

c. Construya un gráfico de dispersión con los datos proporcionados.

Ejercicio 6. Se ha medido la $X_i =$ *horas de ejercicio semanal* y el $Y_i =$ *peso perdido* (en *kg*) de 8 personas. Lea la tabla siguiente y responda justificadamente a las preguntas.

X_i [Horas de ejercicio/semana]	Y_i [Peso perdido
2	0,5
3	0,8
4	1,2
5	1,5
6	1,8
7	2,3
8	2,6
10	3,2

a. Determine el coeficiente de correlación lineal de Pearson (r).

b. Interprete el valor del coeficiente de correlación lineal de Pearson (r) y describa la relación entre la X_i = *horas de ejercicio semanal* y el Y_i = *peso perdido* (en *kg)*

c. Elabore un gráfico de dispersión con los datos proporcionados en la tabla anterior.

Capítulo 6. La relación *causal* entre los datos

Ejercicio 1. Se mide la $X_i = estatura$ (en *cm*) de 60 pacientes pediátricos y se obtiene una media de 110 cm de estatura con una desviación estándar de 8 cm. Calcula un intervalo de confianza del 98% para la estatura media de los pacientes pediátricos.

Ejercicio 2. Un estudio aleatorio de 30 pacientes muestra que el $X_i = $ *tiempo medio de espera en una sala de emergencia* es de 45 minutos con una desviación estándar de 10 minutos. Genere un intervalo de confianza del 95% para el tiempo medio de espera.

Ejercicio 3. En una clínica, se midió la $X_i = $ *presión arterial sistólica* (en *mmHg*) de 50 pacientes y se encontró una media de 130 mmHg con una desviación estándar de 15 mmHg. Calcule un intervalo de confianza del 99% para la presión arterial sistólica media.

Ejercicio 4. Un médico afirma que el nuevo medicamento reduce el $X_i = $ *nivel de colesterol en sangre* (en *mg/dL*) a menos de 200 mg/dL. Una muestra de 40 pacientes obtuvo una media de 195 mg/dL con una desviación estándar de 20 mg/dL. Realice una prueba de hipótesis con un nivel de significación del 5% para determinar si el medicamento es realmente eficaz.

Ejercicio 5. En un hospital, el $X_i = $ *tiempo medio de recuperación* después de una cirugía es de 6 días. Una nueva técnica quirúrgica se prueba en 30 pacientes y muestra un tiempo medio de recuperación de 5.5 días con una desviación típica de 1.2 días. ¿Es significativamente diferente el tiempo de recuperación con la nueva técnica a un nivel de significación del 1%?

Ejercicio 6. Una muestra de 25 pacientes con Diabetes muestra un $X_i = $ *nivel medio de glucosa en sangre* de 150 mg/dl con una desviación típica de 30 mg/dl. Calcule un intervalo de confianza del 95% para el nivel medio de glucosa en sangre y realiza una prueba de hipótesis para determinar si el nivel medio de glucosa es diferente de 140 mg/dl a un nivel de significación del 5%.

Ejercicio 7. Un estudio sobre la eficacia de dos tratamientos para la hipertensión muestra que el Tratamiento A tiene una media de reducción de X_i = *presión arterial* de 10 mmHg en una muestra de 50 pacientes con una desviación típica de 3 mmHg. El Tratamiento B tiene una media de reducción de 12 mmHg en una muestra de 50 pacientes con una desviación típica de 2.5 mmHg. Realice una prueba de hipótesis con un nivel de significación del 5% para determinar si hay una diferencia significativa en la reducción de la X_i = *presión arterial* entre los dos tratamientos.

Ejercicio 8. Se quiere comparar la efectividad de dos medicamentos para el dolor postoperatorio. Se mide el X_i = *tiempo medio de alivio del dolor* en dos grupos de pacientes: 30 pacientes tomando el Medicamento A (media de 5.2 horas, desviación típica de 1.3 horas) y 30 pacientes tomando el Medicamento B (media de 4.8 horas, desviación típica de 1.5 horas). Realice una prueba de hipótesis con un nivel de significación del 5% para determinar si hay una diferencia significativa en el X_i = *tiempo medio de alivio del dolor* entre los dos medicamentos.

Ejercicio 9. En un estudio longitudinal sobre el X_i = *peso* de los recién nacidos, se recoge una muestra de 100 recién nacidos y se encuentra un peso medio de 3.2 kg con una desviación típica de 0.5 kg. Un segundo estudio realizado 10 años después en el mismo hospital muestra un peso medio de 3.4 kg con una desviación típica de 0.6 kg en una muestra de 100 recién nacidos. Realice una prueba de hipótesis con un nivel de significación del 1% para determinar si ha habido un cambio significativo en el X_i = *peso* medio de los recién nacidos en ese hospital.

Ejercicio 10. Un ensayo clínico aleatorio compara la eficacia de dos terapias para el asma. Se mide la mejora en la X_i = *capacidad pulmonar* (en *litros*) en dos grupos: 40 pacientes recibiendo la Terapia A (media de 0.8

litros, desviación típica de 0.2 litros) y 40 pacientes recibiendo la Terapia B (media de 1.0 litros, desviación típica de 0.3 litros). Calcule un intervalo de confianza del 95% para la diferencia de medias y realice una prueba de hipótesis con un nivel de significación del 1% para determinar si una terapia es significativamente más efectiva que la otra.

Ejercicio 11. Un hospital quiere saber si hay una relación entre el $X_i =$ *género* (*masculino* o *femenino*) y la $Y_i =$ *presencia de hipertensión* (*sí* o *no*). Se recopilan los siguientes datos:

	Hipertensión (Sí)	Hipertensión (No)	Total
Masculino	40	60	100
Femenino	30	70	100
Total	70	130	200

Realice una prueba de hipótesis de *Chi*-cuadrado (χ^2) con un nivel de significación del 5% para determinar si hay una relación significativa entre el género y la presencia de hipertensión.

Ejercicio 12. Un investigador desea saber si hay una relación entre el $X_i =$ *hábito de fumar* (*fumador* o *no fumador*) y la $Y_i =$ *incidencia de enfermedades respiratorias* (*sí* o *no*). Se recopilan los siguientes datos:

	Enfermedades respiratorias (Sí)	Enfermedades respiratorias (No)	Total
Fumador	50	30	80
No fumador	20	50	70
Total	70	80	150

Realice una prueba de hipótesis de *Chi*-cuadrado (χ^2) con un nivel de significación del 1% para determinar si hay una relación significativa entre el $X_i =$ *hábito de fumar* y la $Y_i =$ *incidencia de enfermedades respiratorias*.

Ejercicio 13. Se quiere investigar si hay una relación entre el $X_i = $ *tipo de dieta (vegetariana, vegana u omnívora)* y el $Y_i = $ *estado de salud (bueno, regular, malo)* en una muestra de personas. Se recopilan los siguientes datos:

	Bueno	Regular	Malo	Total
Vegetariana	30	10	10	50
Vegana	25	15	10	50
Omnívora	20	20	10	50
Total	75	45	30	150

Realice una prueba de hipótesis de *Chi*-cuadrado (χ^2) con un nivel de significación del 5% para determinar si hay una relación significativa entre el $X_i = $ *tipo de dieta* y el $Y_i = $ *estado de salud.*

Respuestas

Capítulo 1. La *pregunta* de investigación

Ejercicio 1. En pacientes mayores de 60 años con hipertensión, ¿es el Tratamiento A más efectivo que el Tratamiento B para disminuir la presión arterial después de 6 meses de tratamiento?

Ejercicio 2. En jóvenes de entre 18 y 25 años con depresión, ¿es la terapia cognitivo-conductual más eficaz que los antidepresivos para mejorar los síntomas depresivos después de 3 meses?

Ejercicio 3. A. Pregunta: En adultos, ¿el consumo elevado de alimentos ricos en azúcares incrementa la incidencia de diabetes tipo 2 en comparación con un consumo bajo o moderado en adultos en un periodo de 5 años?, **B.** El diseño más adecuado sería un estudio de cohorte prospectivo, ya que permite observar la relación entre el consumo de azúcar y el desarrollo de diabetes tipo 2 a lo largo del tiempo; **C.** El estudio podría llevarse a cabo seleccionando a un grupo de adultos sin diabetes y dividiéndolos en función de su nivel de consumo de azúcar (elevado, bajo o moderado). Se realizaría un seguimiento durante 5 años para observar la incidencia de diabetes en cada grupo.

Ejercicio 4. A. En adolescentes, ¿el uso prolongado de teléfonos móviles afecta negativamente la calidad del sueño en comparación con un uso limitado después de 6 meses?; **B.** El diseño más adecuado sería un estudio observacional de cohorte, ya que permite evaluar cómo la exposición (uso prolongado de teléfonos móviles) afecta a la calidad del sueño a lo largo del tiempo; **C.** El estudio podría llevarse a cabo seleccionando a un grupo de adolescentes y dividiéndolos en dos grupos según el uso de teléfonos móviles (prolongado vs. limitado), y haciendo un seguimiento de la calidad del sueño durante 6 meses.

Ejercicio 5. A. Se debería utilizar un muestreo estratificado, seleccionando pacientes en función de categorías como edad, gravedad de la enfermedad y otros factores, para asegurar una muestra representativa; **B.** Un muestreo aleatorio estratificado sería adecuado, seleccionando a los jóvenes adultos de acuerdo con su nivel de ansiedad inicial para garantizar la diversidad dentro de la muestra; **C.** En este caso, el muestreo por conveniencia podría ser útil, seleccionando a los pacientes que ya asisten al centro de rehabilitación.

Ejercicio 6. igualdad, muestreo aleatorio simple, no aleatoria, muestreo intencionado, muestreo estratificado, muestreo por conveniencia.

Ejercicio 7. A. Para implementar un enmascaramiento en este estudio, sería recomendable utilizar un diseño de doble ciego. En este caso, ni los pacientes ni el equipo que administra el tratamiento sabrían si los participantes están recibiendo el nuevo tratamiento inmunoterápico o un tratamiento estándar (o placebo). Esto evitaría que las expectativas tanto de los pacientes como del personal médico influyan en los resultados observados; **B.** En este caso, también se podría implementar un diseño de doble ciego. Ni los padres ni los médicos sabrían si el niño ha recibido la vacuna nueva o una vacuna placebo. Esto minimizaría los sesgos que podrían surgir si los padres o los médicos conocieran el tratamiento recibido; **C.** Para este estudio, un enmascaramiento simple sería suficiente. Los pacientes no sabrían si están siguiendo la dieta rica en proteínas o una dieta estándar, lo que ayudaría a controlar las expectativas de los participantes sobre los posibles efectos de la dieta. El equipo de investigación que realiza las mediciones de los resultados también podría estar cegado para evitar influencias en los datos.

Ejercicio 8. Tasa de glucosa en sangre: Cuantitativa continua; Frecuencia cardíaca en reposo: Cuantitativa continua; Consumo diario de agua: Cuantitativa continua; Nivel de colesterol: Cuantitativa continua; Hábitos alimenticios: Cualitativa ordinal; Calidad del sueño: Cualitativa ordinal; Actividad física semanal: Cuantitativa discreta; Alergias conocidas: Cualitativa nominal; Tasa metabólica basal: Cuantitativa continua; Tipo de medicación: Cualitativa nominal; Historia familiar de enfermedades: Cualitativa nominal.

Ejercicio 9. Presión arterial: Dependiente; Nivel de colesterol: Dependiente; Frecuencia cardíaca: Dependiente; Tipo de dieta: Independiente; Índice de masa corporal (IMC): Dependiente; Consumo de sal: Independiente; Nivel de glucosa en sangre: Dependiente; Frecuencia de ejercicio: Independiente; Tasa de recuperación: Dependiente; Dosis del medicamento: Independiente; Horas de sueño:

Independiente; Estado emocional: Dependiente; Cantidad de agua consumida: Independiente; Tasa metabólica basal: Dependiente.

Capítulo 2. El resumen *gráfico* de los datos

Ejercicio 1.

Niveles de tensión	n_i	f_i	N_i	F_i
Hipertensión G1	30	0,27	3	0,27
Hipertensión G2	3	0,27	6	0,54
Normal	2	0,18	8	0,72
Prehipertensión	3	0,27	11	1,0

Ejercicio 2.

Tratamiento	n_i	f_i
Medicación	25	0,25
Fisioterapia	30	0,3
Cirugía	20	0,2
Terapia psicológica	25	0,25

- La tabla muestra que los tratamientos más administrados son la medicación y la fisioterapia, cada uno con un 25% y 30% del total de pacientes respectivamente.

- La cirugía es menos frecuente, con solo el 20% de los pacientes recibiéndola.

- El 25% de los pacientes también recibe terapia psicológica, lo cual podría reflejar la importancia de abordar los aspectos psicológicos de ciertas condiciones médicas o dolor crónico en la rehabilitación de los pacientes.

Ejercicio 3.

X_i	n_i	f_i	N_i	F_i
Sin dolor	10	0,17	10	0,17
Dolor leve	15	0,25	25	0,42
Dolor moderado	20	0,33	45	0,75
Dolor intenso	8	0,13	53	0,88
Dolor muy intenso	7	0,12	60	1,0
Total	60	1,0		

Ejercicio 4.

X_i	n_i	f_i	N_i	F_i
1	4	0,4	4	0,4
2	3	0,3	7	0,7
3	2	0,2	9	0,89
4	1	0,1	10	1,0
Total	10	1,00		

Ejercicio 5. A. Número de pacientes: 5 pacientes no tomaron medicamentos. Proporción: 0.20, es decir, el 20% de la muestra; **B.** Número de pacientes: 8 pacientes tomaron 1 medicamento. Proporción: 0.32, es decir, el 32% de la muestra; **C.** Número de pacientes: Para "*3 o más medicamentos*", sumamos los pacientes de $X_i = 3 + 3 = 6$ pacientes. Proporción: La suma de las frecuencias relativas correspondientes es 0.24, es decir, el 24% de la muestra. **D.** Número de pacientes: Para "*2 o menos medicamentos*", sumamos los pacientes de $X_i = 19$ pacientes. Proporción: La frecuencia acumulada es 0.76, es decir, el 76% de la muestra.

Ejercicio 6.

X_i	n_i	f_i	N_i	F_i
[85.0, 94.0)	1	0,11	1	0,11
[94.0, 103.0)	2	0,22	3	0,33
[103.0, 112.0)	2	0,22	5	0,55
[112.0, 121.0)	2	0,22	7	0,77
[121.0, 130.0]	2	0,22	9	1,0
Total	9	1,00		

Ejercicio 7.

X_i	n_i	f_i	N_i	F_i
[190.0, 199.0)	1	0,11	1	0,11
[199.0, 208.0)	2	0,22	3	0,33
[208.0, 217.0)	2	0,22	5	0,55
[217.0, 226.0)	2	0,22	7	0,77
[226.0, 235.0]	2	0,22	9	1,0
Total	9	1,00		

Ejercicio 8. A. Categoría con mayor frecuencia: 1 hora de ejercicio. **B.** Frecuencia acumulada de las dos primeras categorías: 25 pacientes.

Ejercicio 9.

$X_i = $ *Tipos de tratamientos administrados* $X_i = $ *Nivel de dolor percibido*

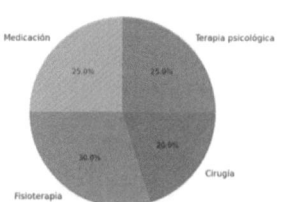

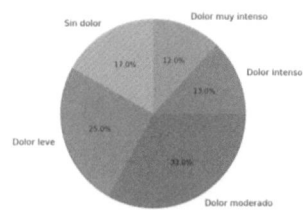

Capítulo 3. El resumen *gráfico* de los datos

Ejercicio 1. La media aritmética $\bar{X}$ de los X_i = *días de hospitalización* para los pacientes con gripe es de 7.4 días.

Ejercicio 2. La mediana (Me) de los X_i = *niveles de azúcar en la sangre* es 105 mg/dL

Ejercicio 3. La varianza (S^2) de los valores de X_i = *presión arterial sistólica* es 42.86 mmHg, y la desviación estándar S es 6,55 mmHg.

Ejercicio 4.

X_i	n_i	f_i	N_i	F_i
[180;190)	1	0,08	1	0,08
[190;200)	3	0,25	4	0,33
[200;210)	2	0,17	6	0,50
[210;220)	3	0,25	9	0,75
[220;230]	3	0,25	12	1,00

La media aritmética ($\bar{X}$) de los X_i = *niveles de triglicéridos en sangre* es 206,67 mg/dL, y la mediana (Me) es 207,5 mg/dL.

Ejercicio 5. Centralización, media, mediana, dispersión, desviación estándar, rango intercuartílico, posición, cuartiles, percentiles.

Ejercicio 6. La media aritmética ($\bar{X}$) y la mediana (Me) de los X_i = *pesos* son ambas 80 kg.

Ejercicio 7. Percentil 25 (p_{25}): 20 kg; Percentil 50 (p_{50}) o mediana (Me): 21 kg; Percentil 75 (p_{75}): 23 kg.

Ejercicio 8. Cuartil 1 (Q_1): 27.4; Cuartil 2 (Q_2) o mediana: 29,9; Cuartil 3 (Q_3): 36.15; Valla inferior (f_1): 14,27; Valla superior (f_2): 49,28.

Ejercicio 9. Cuartil 1 (Q_1): 34,5 años; Cuartil 2 (Q_2) o mediana: 34,5 años; Cuartil 3 (Q_3): 52,0 años; Valla inferior (f_1): 8,25 años; Valla superior (f_2): 78,25 años.

Capítulo 4. El estudio de la *normalidad* de los datos

Ejercicio 1. A. 18, 19, 20, 20, 21, 22, 22, 22, 23, 23, 23, 24, 24, 25, 25, 25, 25, 26, 26, 27, 27, 27, 28, 29, 30, 30, 31, 32, 32, 33. **B.** Se representa el histograma de $X_i = Edades\ de\ los\ estudiantes.$

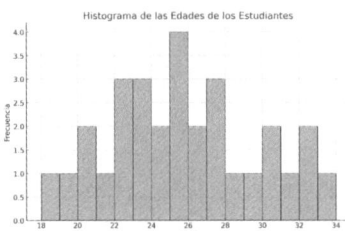

C. Observando la forma del *histograma*, parece que la distribución no es simétrica perfecta, lo que podría sugerir que no sigue exactamente una distribución *Normal*. El *histograma* muestra un ligero sesgo hacia la derecha, lo cual indica que hay más estudiantes en los rangos superiores de edad.

Ejercicio 2. A. 1000, 1050, 1100, 1100, 1150, 1200, 1200, 1200, 1250, 1250, 1250, 1300, 1300, 1350, 1350, 1350, 1350, 1400, 1400, 1450, 1450, 1450, 1500, 1550, 1600, 1600, 1650, 1700, 1700, 1750. **B.** Se representa el histograma de $X_i = Ingresos\ mensuales\ de\ los\ trabajadores.$

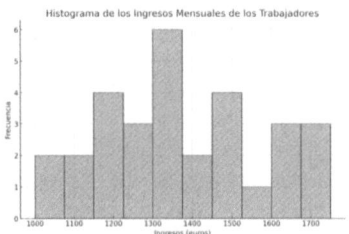

388

C. La distribución no parece ser normal, ya que presenta varios picos en valores específicos, lo que sugiere que hay ingresos frecuentes en esos valores particulares (por ejemplo, 1200 y 1350 euros).

Ejercicio 3. A. *Presión arterial sistólica:* Los puntos se alinean bastante bien con la línea de referencia, lo que sugiere que esta variable podría seguir una distribución *normal*; *Frecuencia cardíaca en reposo:* Los puntos muestran cierto desvío de la línea, indicando una ligera desviación de la *normalidad*; *Niveles de glucosa:* Se observan desviaciones claras en los extremos, lo que indica que esta variable no sigue una distribución *normal*; *IMC:* Los puntos se desvían notablemente de la línea de referencia, lo que sugiere una distribución no *normal*. **B.** Entre las cuatro variables, la presión arterial sistólica parece ajustarse mejor a una distribución *normal*. **C.** Si una variable como los *niveles de glucosa* no sigue una distribución *normal*, puede ser necesario utilizar métodos estadísticos no paramétricos en el análisis de los datos.

Ejercicio 4. A. *Asimetría de los niveles de glucosa:* La asimetría calculada es muy cercana a 0 (-0.020), lo que indica que la distribución de los niveles de glucosa es prácticamente simétrica.

Ejercicio 5. A. *Media del tiempo de estudio*: 10.52 horas. **B.** *Desviación típica*: 5.53 horas. **C.** *Curtosis*: -1.197, lo que indica que la distribución es platicúrtica, es decir, tiene colas más delgadas que una distribución *normal* (menos apuntada).

Ejercicio 6. A. Estadístico W: 0.9662, p-valor: 0.4404. Dado que el p-valor es mayor que el nivel de significancia (normalmente 0.05), no se puede rechazar la hipótesis nula H_0, lo que indica que los datos del peso de los estudiantes siguen una distribución *Normal*.

Ejercicio 7. Estadístico D: 1.0, p-valor: 0.0 El p-valor es 0, lo que indica que rechazamos la hipótesis nula H_0, concluyendo que los datos de la frecuencia cardíaca en reposo no siguen una distribución *Normal*.

Capítulo 5. La relación de *asociación* entre los datos

Ejercicio 1. A. La forma del gráfico es dispersa y no muestra una relación lineal clara entre las dos variables. Los puntos están distribuidos sin una tendencia clara hacia una dirección específica. Esto sugiere que no hay una correlación lineal fuerte entre la altura de los estudiantes y sus calificaciones en matemáticas. La *dirección* parece ser más bien horizontal, lo que indica que los cambios en la altura de los estudiantes no influyen significativamente en sus calificaciones. **B.** Debido a la dispersión de los puntos y la falta de una relación visible, la *fuerza de la correlación* entre la altura y las calificaciones en matemáticas parece ser muy baja o nula. Es probable que el coeficiente de correlación de Pearson (*r*) sea cercano a 0, lo que indica una correlación débil o inexistente. **C.** Con base en la dispersión observada, *no parece existir una relación significativa* entre la altura de los estudiantes y sus calificaciones en matemáticas. La altura no parece influir en el desempeño en matemáticas según este gráfico.

Ejercicio 2. El gráfico que mejor representa la relación con una correlación de $r = 0.850$ entre el consumo diario de azúcar y el peso corporal es el gráfico de la *esquina inferior izquierda*. Este gráfico muestra una clara tendencia ascendente con una forma lineal positiva, lo que indica que, a mayor consumo de azúcar, mayor es el peso corporal. La fuerza de la correlación es alta, reflejando un ajuste cercano a r = 0.850, pero no perfecto. Además, no se observan outliers significativos, lo que sugiere una relación consistente entre las dos variables.

Ejercicio 3. El gráfico que mejor representa la correlación de r = 0.400 entre la edad y la cantidad de horas dedicadas al voluntariado es el de la *esquina inferior izquierda*. Este gráfico muestra una ligera tendencia ascendente, lo que indica una relación positiva moderada entre las dos variables, donde a mayor edad se dedican más horas al voluntariado, aunque los puntos están algo dispersos. Esta dispersión es consistente con una correlación de r=0.400, que sugiere una relación presente pero no demasiado fuerte. No se observan outliers significativos, lo que confirma la moderada correlación positiva.

Ejercicio 4. A. El coeficiente de correlación de Pearson (r) entre las horas de estudio y las calificaciones es r = 1.0 lo que indica una correlación perfecta positiva. Esto significa que a medida que aumentan las horas de estudio, las calificaciones aumentan de manera proporcional. **B.** El gráfico de dispersión confirma esta relación lineal perfecta, donde cada punto sigue una tendencia ascendente clara. No hay desviaciones en los datos, lo que refuerza que las horas de estudio están directamente relacionadas con el desempeño en el examen. **C.** Se representa el gráfico de dispersión con los datos proporcionados.

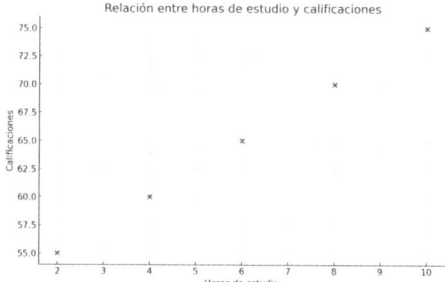

Ejercicio 5. A. Un coeficiente de correlación de 0.712 indica una correlación positiva moderada entre el IMC y la presión arterial. **B.** Esto significa que, en general, a medida que aumenta el IMC también la presión arterial tiende a aumentar, aunque no de manera perfecta. Esto sugiere que las personas con IMC más alto tienden a tener mayor presión arterial en este conjunto de datos. **C.** Representamos el Scatter plot:

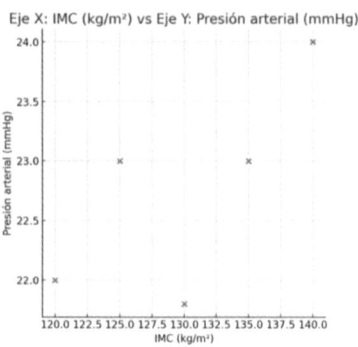

Ejercicio 6. A. Un coeficiente de correlación de r=0.968 indica una correlación positiva fuerte entre las horas de ejercicio semanal y el peso perdido en kg. **B.** Esto significa que, en general, a medida que las personas incrementan sus horas de ejercicio semanal, tienden a perder más peso, de manera consistente. Aunque no es una relación perfecta, sugiere que las personas que dedican más tiempo al ejercicio presentan una mayor pérdida de peso en este conjunto de datos. **C.** Representamos el siguiente *Scatter plot*:

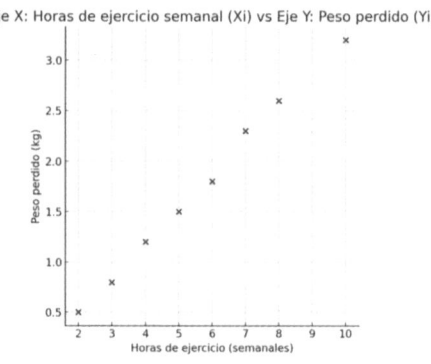

Capítulo 6. **La relación** *causal* **entre los datos**

Ejercicio 1. El intervalo de confianza será $X_i = $ *Estatura media (cm)* será: IC [98%] = 107,60 – 112,40 cm.

Ejercicio 2. El intervalo de confianza será $X_i = $ *Tiempo medio de espera (min)* será: IC [95%] = 41,42 –48,58 min.

Ejercicio 3. El intervalo de confianza será $X_i = $ *Presión arterial (mmHg)* será: IC [99%] = 124,54 – 135,46 mmHg.

Ejercicio 4. *Prueba de hipótesis sobre el nivel de colesterol en sangre.* Para este ejercicio, se utilizó una *prueba Z,* dado que la muestra es suficientemente grande (n = 40) y conocemos la desviación estándar poblacional. El valor del estadístico Z fue Z = −1,58 y el p-valor asociado fue de p = 0,057. Dado que el estadístico Z es menor al valor crítico Z = −1,645 para un nivel de significación del 5% (α = 0,05) no se puede rechazar la hipótesis nula. Esto significa que no hay evidencia suficiente para concluir que el medicamento reduce el nivel de colesterol en sangre por debajo de 200 mg/dL.

Ejercicio 5. *Prueba de hipótesis sobre el tiempo de recuperación con la nueva técnica.* Para determinar si el tiempo de recuperación con la nueva técnica quirúrgica es significativamente diferente, se realizó una *prueba t de Student (t-test)* debido al tamaño relativamente pequeño de la muestra (n = 30) y la falta de conocimiento de la desviación estándar poblacional. El valor del estadístico *t* fue t = −2,26 y el *p-valor* fue de p = 0,015. El valor crítico para un nivel de significación del 1% con 29 grados de libertad es t = −2,46. Por lo tanto, al ser el valor del estadístico menor al valor crítico, no se puede rechazar la hipótesis nula a un nivel de significación del 1%. Esto indica que, aunque el tiempo de recuperación es ligeramente menor con la nueva técnica (5,5 días en lugar de 6 días), la diferencia no es suficientemente significativa para concluir que la nueva técnica reduce el tiempo de recuperación de manera significativa a un nivel de confianza del 99%.

Ejercicio 6. La *prueba t de Student* para analizar si el nivel medio de glucosa en sangre es diferente de 140 mg/dL arrojó un valor del estadístico *t* = 1,67 con un p-valor de p = 0,109. Al compararlo con el valor crítico t =

2,064, el valor de *t* no supera el nivel crítico. Por lo tanto, *no se puede rechazar la hipótesis nula* a un nivel de significación del 5%. Esto indica que no hay evidencia suficiente para concluir que el nivel medio de glucosa en sangre en esta muestra de 25 pacientes sea significativamente diferente de 140 mg/dL.

Ejercicio 7. Para comparar la reducción de presión arterial entre los Tratamientos A y B, se realizó una *prueba Z* con un nivel de significación del 5%. El estadístico $Z = -3,62$, y el p-valor fue p=0,00029. El valor crítico del estadístico para este nivel es $Z = \pm 1,96$. Dado que el valor de Z excede al valor crítico y el p-valor es menor que 0,05, se rechaza la hipótesis nula, concluyendo que hay una diferencia significativa en la reducción de presión arterial entre ambos tratamientos.

Ejercicio 8. Se realizó una *prueba t de Student* para comparar el tiempo medio de alivio del dolor entre los Medicamentos A y B con un nivel de significación del 5%. El estadístico *t* fue $t = 1,10$, y el *p-valor* fue p = 0,274. El valor crítico del estadístico *t* para este nivel es $t = \pm 2,00$. Como el valor de *t* no supera el valor crítico y el p-valor es mayor que 0.05, no se rechaza la hipótesis nula, lo que indica que no hay una diferencia significativa en el tiempo medio de alivio del dolor entre los dos medicamentos.

Ejercicio 9. Se utilizó una *prueba Z* para evaluar si ha habido un cambio significativo en el peso medio de los recién nacidos en un período de 10 años, con un nivel de significación del 1%. El estadístico Z fue $Z=-2.56$, y el *p-valor* fue p = 0,01. El valor crítico para este nivel es $Z = \pm 2,58$. Como el valor de Z no supera el valor crítico y el *p-valor* es ligeramente mayor que 0.01, no se puede concluir que ha habido un cambio significativo en el peso medio de los recién nacidos en ese hospital.

Ejercicio 10. Se utilizó una *prueba t de Student* para comparar la mejora en la capacidad pulmonar entre las dos terapias. El valor del estadístico *t* fue $t = -3,51$ y el *p-valor* fue p = 0,00075. El valor crítico del estadístico *t* para un nivel de significación del 1% con 78 grados de libertad es $t = \pm 2,64$. Como $t = 3.51$ es mayor que el nivel crítico $t = \pm 2,64$, se rechaza la hipótesis nula, lo que indica que hay una diferencia significativa en la mejora de la capacidad pulmonar entre las dos terapias.

Ejercicio 11. Se realizó una *prueba de Chi-cuadrado* (χ^2) para evaluar la relación entre el género y la presencia de hipertensión. El valor del estadístico *Chi*-cuadrado fue $\chi^2 = 1{,}78$ y el *p-valor* fue p $= 0.182$. El valor crítico del estadístico *Chi*-cuadrado para un nivel de significación del 5% con 1 grado de libertad es $\chi^2 = 3{,}84$. Como $\chi^2 = 1{,}78$ es menor que $\chi^2 = 3{,}84$ no se rechaza la hipótesis nula, lo que indica que no hay una relación de dependencia entre el género y la presencia de hipertensión.

Ejercicio 12. Se realizó una *prueba de Chi-cuadrado* (χ^2) para evaluar la relación entre el hábito de fumar y la incidencia de enfermedades respiratorias. El valor del estadístico *Chi*-cuadrado fue de $\chi^2 = 15{,}93$ y el *p-valor* fue p$=0{,}000066$. El valor crítico del estadístico *Chi*-cuadrado para un nivel de significación del 1% con 1 grado de libertad es $\chi^2 = 6{,}63$. Como $\chi^2 = 15{,}93$ es mayor que el valor crítico de $\chi^2 = 6{,}63$, se rechaza la hipótesis nula, lo que indica que hay una relación de dependencia entre el hábito de fumar y la incidencia de enfermedades respiratorias.

Ejercicio 13. Se realizó una *prueba de Chi-cuadrado* (χ^2) para evaluar la relación entre el tipo de dieta y el estado de salud. El valor del estadístico *Chi*-cuadrado fue $\chi^2 = 5{,}33$ y el *p-valor* fue p$=0{,}255$. El valor crítico del estadístico *Chi*-cuadrado para un nivel de significación del 5% con 4 grados de libertad es $\chi^2 = 9.49$. Como $\chi^2 = 5.33$ es menor que el valor crítico de $\chi^2 = 9.49$, no se rechaza la hipótesis nula, lo que sugiere que no hay una relación de dependencia entre el tipo de dieta y el estado de salud.

Tablas

Tabla 1. Tabla de coeficientes (a_i) de Shapiro-Wilk (W)

n/i	1	2	3	4	5	6	7	8	9	10	11	12	13	14	15	16	17	18	19	20	21	22	23	24	25
10	0.57	0.32	0.21	0.12	0.03																				
11	0.56	0.33	0.22	0.14	0.06	0.00																			
12	0.54	0.33	0.23	0.15	0.09	0.03																			
13	0.53	0.33	0.24	0.17	0.10	0.05	0.00																		
14	0.52	0.33	0.24	0.18	0.12	0.07	0.02																		
15	0.51	0.33	0.24	0.18	0.13	0.08	0.04	0.00																	
16	0.50	0.32	0.25	0.19	0.14	0.10	0.05	0.01																	
17	0.49	0.32	0.25	0.19	0.15	0.11	0.07	0.03	0.00																
18	0.48	0.32	0.25	0.20	0.15	0.11	0.08	0.04	0.01																
19	0.48	0.32	0.25	0.20	0.16	0.12	0.09	0.06	0.03	0.00															
20	0.47	0.32	0.25	0.20	0.16	0.13	0.10	0.07	0.04	0.01															
21	0.46	0.31	0.25	0.21	0.17	0.13	0.10	0.08	0.05	0.02	0.00														
22	0.45	0.31	0.25	0.21	0.17	0.14	0.11	0.08	0.06	0.03	0.01														

37	36	35	34	33	32	31	30	29	28	27	26	25	24	23
0.40	0.40	0.40	0.41	0.41	0.41	0.42	0.42	0.42	0.43	0.43	0.44	0.44	0.44	0.45
0.27	0.27	0.28	0.28	0.28	0.28	0.29	0.29	0.29	0.29	0.30	0.30	0.30	0.30	0.31
0.24	0.24	0.24	0.24	0.24	0.24	0.24	0.24	0.24	0.25	0.25	0.25	0.25	0.25	0.25
0.21	0.21	0.21	0.21	0.21	0.21	0.21	0.21	0.21	0.21	0.21	0.21	0.21	0.21	0.21
0.18	0.18	0.18	0.18	0.18	0.18	0.18	0.18	0.18	0.18	0.18	0.18	0.18	0.18	0.17
0.16	0.16	0.16	0.16	0.16	0.16	0.16	0.16	0.16	0.16	0.15	0.15	0.15	0.15	0.14
0.15	0.14	0.14	0.14	0.14	0.14	0.14	0.14	0.13	0.13	0.13	0.13	0.12	0.12	0.12
0.13	0.13	0.13	0.13	0.12	0.12	0.12	0.12	0.11	0.11	0.11	0.10	0.10	0.09	0.09
0.11	0.11	0.11	0.11	0.11	0.10	0.10	0.10	0.10	0.09	0.09	0.08	0.08	0.07	0.06
0.10	0.10	0.10	0.09	0.09	0.09	0.08	0.08	0.08	0.07	0.07	0.06	0.06	0.05	0.4
0.09	0.09	0.09	0.08	0.08	0.07	0.07	0.06	0.06	0.05	0.05	0.04	0.04	0.03	0.02
0.07	0.07	0.07	0.07	0.06	0.06	0.05	0.05	0.04	0.04	0.03	0.02	0.02	0.01	
0.06	0.06	0.06	0.05	0.05	0.04	0.04	0.03	0.03	0.02	0.01	0.00	0.00		
0.05	0.05	0.04	0.04	0.03	0.03	0.02	0.02	0.01	0.00	0.00				
0.04	0.04	0.03	0.02	0.02	0.02	0.01	0.00	0.00						
0.03	0.02	0.02	0.01	0.01	0.00	0.00								
0.02	0.01	0.01	0.00	0.00										
0.01	0.00	0.00												
0.00														

n																								
38	0.40	0.27	0.23	0.21	0.18	0.16	0.15	0.13	0.12	0.10	0.09	0.08	0.07	0.05	0.04	0.03	0.02	0.01	0.00					
39	0.39	0.27	0.23	0.21	0.18	0.16	0.15	0.13	0.12	0.10	0.09	0.08	0.07	0.06	0.05	0.04	0.03	0.03	0.01	0.00				
40	0.39	0.27	0.23	0.20	0.18	0.16	0.15	0.13	0.12	0.11	0.09	0.08	0.07	0.06	0.05	0.04	0.03	0.02	0.01	0.00				
41	0.39	0.27	0.23	0.20	0.18	0.16	0.15	0.13	0.12	0.11	0.10	0.08	0.07	0.06	0.05	0.04	0.03	0.02	0.01	0.00				
42	0.39	0.27	0.23	0.20	0.18	0.16	0.15	0.13	0.12	0.11	0.10	0.09	0.08	0.07	0.06	0.05	0.04	0.03	0.02	0.01	0.00			
43	0.38	0.26	0.23	0.20	0.18	0.16	0.15	0.13	0.12	0.11	0.10	0.09	0.08	0.07	0.06	0.05	0.04	0.03	0.02	0.01	0.00			
44	0.38	0.26	0.23	0.20	0.18	0.16	0.15	0.14	0.12	0.11	0.10	0.09	0.08	0.07	0.06	0.05	0.04	0.04	0.02	0.02	0.01	0.00		
45	0.38	0.26	0.23	0.20	0.18	0.16	0.15	0.14	0.12	0.11	0.10	0.09	0.08	0.07	0.06	0.05	0.04	0.04	0.03	0.02	0.01	0.00		
46	0.38	0.26	0.23	0.20	0.18	0.16	0.15	0.14	0.12	0.11	0.10	0.09	0.08	0.07	0.06	0.05	0.04	0.04	0.03	0.02	0.01	0.00		
47	0.38	0.26	0.22	0.20	0.18	0.16	0.15	0.14	0.13	0.11	0.10	0.09	0.08	0.07	0.07	0.06	0.05	0.05	0.03	0.03	0.02	0.01	0.00	
48	0.37	0.26	0.22	0.20	0.18	0.16	0.15	0.14	0.13	0.11	0.10	0.09	0.09	0.07	0.07	0.06	0.05	0.05	0.04	0.03	0.02	0.01	0.00	
49	0.37	0.25	0.22	0.20	0.18	0.16	0.15	0.14	0.13	0.12	0.11	0.1	0.01	0.08	0.07	0.06	0.05	0.05	0.04	0.03	0.02	0.01	0.00	0.00
50	0.37	0.25	0.22	0.20	0.18	0.16	0.15	0.14	0.13	0.12	0.11	0.1	0.01	0.08	0.07	0.06	0.06	0.05	0.04	0.03	0.02	0.01	0.01	0.00

Tabla 1. Esta tabla muestra los coeficientes necesarios para calcular la estadística de Shapiro-Wilk, utilizada para evaluar la normalidad de una muestra de datos. Los coeficientes están tabulados para tamaños de muestra (n) que van desde 10 hasta 50. Cada fila de la tabla corresponde a un tamaño de muestra específico y los coeficientes están ordenados de forma simétrica para facilitar su uso en los cálculos.

Tabla 2. Tabla de valores críticos de Shapiro-Wilk (W)

n	$\alpha = 0.10$	$\alpha = 0.05$	$\alpha = 0.02$	$\alpha = 0.01$
10	0.869	0.842	0.806	0.781
11	0.876	0.850	0.817	0.782
12	0.883	0.859	0.828	0.805
13	0.889	0.866	0.837	0.814
14	0.895	0.874	0.846	0.825
15	0.901	0.881	0.855	0.835
16	0.906	0.887	0.863	0.844
17	0.910	0.892	0.869	0.851
18	0.914	0.897	0.874	0.858
19	0.917	0.901	0.879	0.863
20	0.920	0.905	0.884	0.868
21	0.923	0.908	0.888	0.873
22	0.926	0.911	0.892	0.878
23	0.928	0.914	0.895	0.881
24	0.930	0.916	0.898	0.884
25	0.931	0.918	0.901	0.888
26	0.933	0.920	0.904	0.891
27	0.935	0.923	0.906	0.894
28	0.936	0.924	0.908	0.896
29	0.937	0.926	0.910	0.898
30	0.939	0.927	0.912	0.900
31	0.940	0.929	0.914	0.902
32	0.941	0.930	0.915	0.904
33	0.942	0.932	0.917	0.906
34	0.943	0.933	0.919	0.908
35	0.944	0.934	0.920	0.910
36	0.945	0.935	0.922	0.912
37	0.946	0.936	0.924	0.914
38	0.947	0.938	0.925	0.916
39	0.948	0.939	0.927	0.917
40	0.949	0.940	0.928	0.919
41	0.950	0.941	0.929	0.920
42	0.951	0.942	0.930	0.922
43	0.951	0.943	0.932	0.923
44	0.952	0.944	0.933	0.924
45	0.953	0.945	0.934	0.926
46	0.953	0.945	0.935	0.927
47	0.954	0.946	0.936	0.928
48	0.954	0.947	0.937	0.929
49	0.955	0.947	0.937	0.929
50	0.955	0.947	0.938	0.930

Tabla 2. Esta tabla presenta los valores críticos del estadístico de la prueba de Shapiro-Wilk para evaluar la normalidad de una muestra. Los valores críticos se proporcionan para diferentes tamaños de muestra (n) que varían de 10 a 50, y para niveles de significación (α) de 0.10, 0.05, 0.025 y 0.01. Si el estadístico de Shapiro-Wilk calculado a partir de los datos es menor que el valor crítico correspondiente al nivel de significación elegido, se acepta la hipótesis nula (H_0) y se concluye que los datos son normales.

Tabla 3. Tabla de valores críticos de Kolmogórov-Smirnov (*KS*)

n	α = 0.10	α = 0.05	α = 0.02	α = 0.01
20	0.265	0.294	0.329	0.352
21	0.259	0.287	0.321	0.344
22	0.253	0.281	0.314	0.337
23	0.247	0.275	0.307	0.330
24	0.242	0.269	0.301	0.323
25	0.238	0.264	0.295	0.317
26	0.233	0.259	0.290	0.311
27	0.229	0.254	0.284	0.305
28	0.225	0.250	0.279	0.300
29	0.221	0.246	0.275	0.295
30	0.218	0.242	0.270	0.290
31	0.214	0.238	0.266	0.285
32	0.211	0.234	0.262	0.281
33	0.208	0.231	0.258	0.277
34	0.205	0.227	0.254	0.273
35	0.202	0.224	0.251	0.269
36	0.199	0.221	0.247	0.265
37	0.196	0.218	0.244	0.262
38	0.194	0.215	0.241	0.258
39	0.191	0.213	0.238	0.255
40	0.189	0.210	0.235	0.252
>40	$1.22/\sqrt{n}$	$1.36/\sqrt{n}$	$1.52/\sqrt{n}$	$1.63/\sqrt{n}$

Tabla 3. La tabla muestra los valores críticos de Kolmogórov-Smirnov para diferentes tamaños de muestra (n) y niveles de significación (α). Si el estadístico calculado (D_n) es mayor que el valor crítico (d) correspondiente, se rechaza la hipótesis nula (H_0) de que la muestra sigue la distribución *Normal*.

Tabla 4. Tabla de la distribución de probabilidad Normal estándar Z (*bilaterales*)

Nivel de Significación (α)	Nivel de Significación ($\alpha/2$)	Valor Crítico Z
0.20	0.10	±1.282
0.10	0.05	±1.645
0.05	0.025	±1.96
0.02	0.01	±2.326
0.01	0.005	±2.576
0.005	0.0025	±2.807
0.002	0.001	±3.090
0.001	0.0005	±3.291

Tabla 4. La tabla muestra los valores críticos Z para diferentes niveles de significación (α) en pruebas bilaterales en las que se desee contrastar hipótesis de *igualdad*. El nivel de significación (α) representa la probabilidad total de cometer un error tipo I. En pruebas bilaterales, α se divide en dos colas ($\alpha/2$). Si el estadístico Z calculado cae fuera del rango definido por los valores críticos ($\pm Z$), se rechaza la hipótesis nula (H_0).

Tabla 5. Tabla de la distribución de probabilidad Normal estándar Z (*unilateral*)

Nivel de Significación (α)	Valor Crítico Z (Positivo)	Valor Crítico Z (Negativo)
0.20	+ 0.841	− 0.841
0.10	+ 1.282	− 1.282
0.05	+ 1.645	− 1.645
0.02	+ 2.054	− 2.054
0.01	+ 2.326	− 2.326
0.005	+ 2.576	− 2.576
0.002	+ 2.878	− 2.878
0.001	+ 3.090	− 3.090

Tabla 5. La tabla muestra los valores críticos Z para diferentes niveles de significación (α) en pruebas unilaterales en las que se desee contrastar hipótesis de *superioridad* o *inferioridad*. El nivel de significación (α) representa la probabilidad total de cometer un error tipo I. En pruebas unilaterales, α se coloca en una sola cola de la distribución. Si el estadístico Z calculado cae fuera de la región de rechazo definida por los valores críticos ($\pm Z$), se rechaza la hipótesis nula (H_0).

Tabla 6. Tabla de la distribución de probabilidad t-Student (bilateral).

df	α = 0.05	α = 0.01
1.0	12.706	63.657
2.0	4.303	9.925
3.0	3.182	5.841
4.0	2.776	4.604
5.0	2.571	4.032
6.0	2.447	3.707
7.0	2.365	3.499
8.0	2.306	3.355
9.0	2.262	3.25
10.0	2.228	3.169
11.0	2.201	3.106
12.0	2.179	3.055
13.0	2.16	3.012
14.0	2.145	2.977
15.0	2.131	2.947
16.0	2.12	2.921
17.0	2.11	2.898
18.0	2.101	2.878
19.0	2.093	2.861
20.0	2.086	2.845
21.0	2.08	2.831
22.0	2.074	2.819
23.0	2.069	2.807
24.0	2.064	2.797
25.0	2.06	2.787
26.0	2.056	2.779
27.0	2.052	2.771
28.0	2.048	2.763
29.0	2.045	2.756
30.0	2.042	2.75
31.0	2.04	2.744
32.0	2.037	2.738
33.0	2.035	2.733
34.0	2.032	2.728
35.0	2.03	2.724
36.0	2.028	2.72
37.0	2.026	2.716
38.0	2.024	2.712
39.0	2.023	2.708
40.0	2.021	2.704
50.0	2.009	2.678
60.0	2.0	2.66
80.0	1.99	2.639
100.0	1.984	2.626

Tabla 6. La tabla muestra los valores críticos de la distribución t de Student para diferentes grados de libertad (df) y niveles de significación (α) en pruebas bilaterales. Estos valores que pueden tomar valores positivos como negativos, al tratarse de una distribución bilateral, se utilizan para determinar si hay suficiente evidencia para rechazar la hipótesis nula (H_0). Si el estadístico t calculado es mayor que el valor crítico correspondiente en valor absoluto se rechaza (H_0).

Tabla 7. Tabla de la distribución de probabilidad
t-Student (unilateral).

df	$\alpha = 0.05$	$\alpha = 0.01$
1.0	6.314	31.821
2.0	2.92	6.965
3.0	2.353	4.541
4.0	2.132	3.747
5.0	2.015	3.365
6.0	1.943	3.143
7.0	1.895	2.998
8.0	1.86	2.896
9.0	1.833	2.821
10.0	1.812	2.764
11.0	1.796	2.718
12.0	1.782	2.681
13.0	1.771	2.65
14.0	1.761	2.624
15.0	1.753	2.602
16.0	1.746	2.583
17.0	1.74	2.567
18.0	1.734	2.552
19.0	1.729	2.539
20.0	1.725	2.528
21.0	1.721	2.518
22.0	1.717	2.508
23.0	1.714	2.5
24.0	1.711	2.492
25.0	1.708	2.485
26.0	1.706	2.479
27.0	1.703	2.473
28.0	1.701	2.467
29.0	1.699	2.462
30.0	1.697	2.457
40.0	1.684	2.423
50.0	1.676	2.403
60.0	1.671	2.39
80.0	1.664	2.374
100.0	1.66	2.364

Tabla 7. La tabla muestra los valores críticos de la distribución t de Student para diferentes grados de libertad (df) y niveles de significación (α) en pruebas unilaterales. Estos valores se utilizan para determinar si hay suficiente evidencia para rechazar la hipótesis nula (H_0). Si el estadístico t calculado es mayor que el valor crítico correspondiente, se rechaza H_0.

Tabla 8. Tabla de la distribución de probabilidad *Chi*-cuadrado (χ^2).

df	$\alpha = 0.05$	$\alpha = 0.01$
1.0	3.841	6.635
2.0	5.991	9.21
3.0	7.815	11.345
4.0	9.488	13.277
5.0	11.07	15.086
6.0	12.592	16.812
7.0	14.067	18.475
8.0	15.507	20.09
9.0	16.919	21.666
10.0	18.307	23.209
11.0	19.675	24.725
12.0	21.026	26.217
13.0	22.362	27.688
14.0	23.685	29.141
15.0	24.996	30.578
16.0	26.296	32.0
17.0	27.587	33.409
18.0	28.869	34.805
19.0	30.144	36.191
20.0	31.41	37.566

Tabla 8. La tabla muestra los valores críticos de la distribución *Chi*-cuadrado (χ^2) para diferentes grados de libertad (df) y niveles de significación (α). Estos valores se utilizan para determinar si hay suficiente evidencia para rechazar la hipótesis nula (H_0). Si el estadístico Chi-cuadrado calculado es mayor que el valor crítico correspondiente, se rechaza (H_0) aceptando que las dos variables son dependientes.